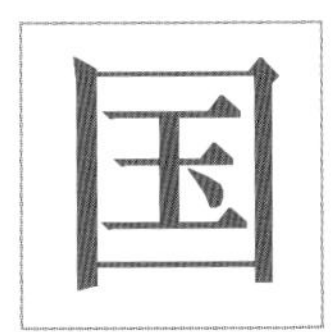

中国漆树

ZHONGGUO QISHU

王性炎 著

西北农林科技大学出版社

图书在版编目(CIP)数据

中国漆树 / 王性炎著. —杨凌：西北农林科技大学出版社，2021.4
ISBN 978-7-5683-0948-6

Ⅰ. ①中… Ⅱ. ①王… Ⅲ. ①漆树-介绍—中国 Ⅳ. ①S794.2

中国版本图书馆 CIP 数据核字(2021)第 076312 号

中国漆树

王性炎 著

出版发行	西北农林科技大学出版社		
地　　址	陕西杨凌杨武路 3 号	**邮　　编**:712100	
电　　话	编辑室:029-87093220	发行部:029-87093302	
电子邮箱	press0809@163.com		
印　　刷	陕西天地印刷有限公司		
版　　次	2021 年 4 月第 1 版		
印　　次	2021 年 4 月第 1 次印刷		
开　　本	787 mm×960 mm　1/16		
印　　张	12		
字　　数	190 千字		

ISBN 978-7-5683-0948-6

定价:42.00 元

本书如有印装质量问题,请与本社联系

生漆研究

▲ 漆树－陕西秦岭野生大木漆

▲ 王性炎和学生进行漆树嫁接试验

▲ 成活的大红袍良种嫁接苗

▲ 王性炎在显微镜中观察漆液形态

▲ 漆树林－陕西省平利县人工漆林

▲ 王性炎和导师吴中禄教授在平利县漆林中进行生漆采割试验

▲ 王性炎指导女漆农提高割漆技术

▲ 王性炎教授在西安机场装运漆树种子在陕西南部林区飞播造林

▲ 王性炎和学生进行乙烯利刺激生漆增产实验

▲ 生漆检验验收现场

生漆利用

▲ 中国生漆

▲ 中国生漆宣传册

▲ 用生漆涂抹内壁的尿素储气罐

▲ 用生漆作耐腐蚀涂料的十万吨氨气罐，目前已用九年，仍在继续使用中。

▲ 上海工艺雕刻二厂老工人正在检验工艺品用漆涂料后的艺术质量和光洁度

▲ 配漆工人正在用各地生漆配制不同用途的纱管漆

▲ 生漆制成的各种硃合漆工艺品

▲ 上海纱管厂女工在用生漆涂刷经纱管，漆涂毛生、底漆、硃合漆三道，使之能在每分钟 16000 次的运转中，定位避震，不变形。

生漆成果

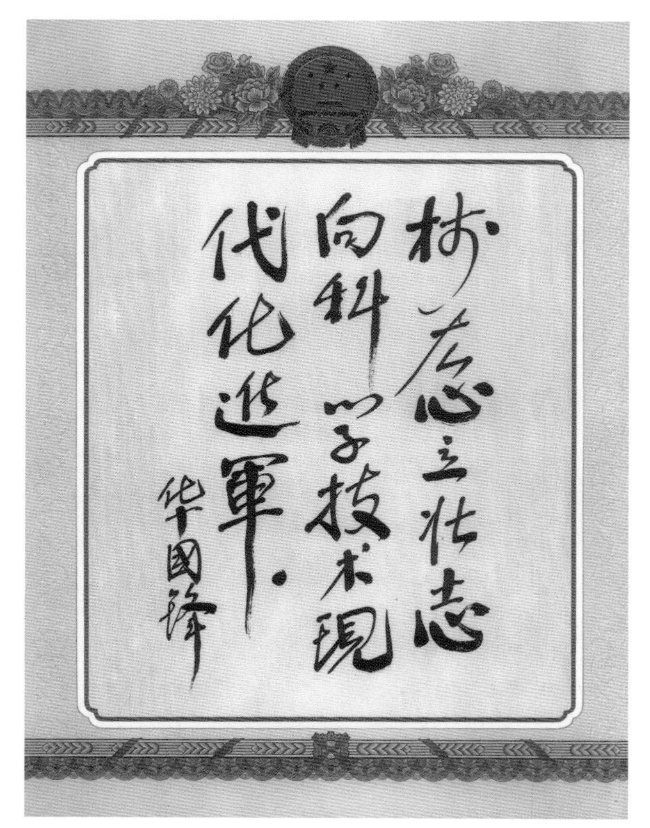

▲漆树品种育苗调查和增加流漆量的研究，1978 年获全国科学大会奖

证 书

王性炎 同志：

您参与编撰的《中国农业百科全书·林业卷》荣获第六届全国优秀科技图书一等奖特发此证并

祝贺

中国农业百科全书总编委会

一九九四年二月[illegible]日

▲ 王性炎教授参加编撰《中国农业百科全书 . 林业卷》“漆树”，荣获第六届全国优秀科技图书一等奖

奖状

西北林学院

漆树的综合研究

被评为一九七九年度

科技成果一等奖

陕西省人民政府

五月

▲ 漆树综合研究，1980年获陕西省人民政府科技成果一等奖

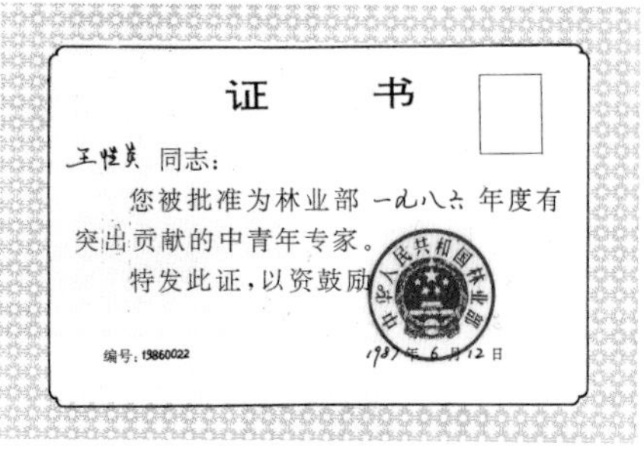

证　书

王性炎同志：

您被批准为林业部一九八六年度有突出贡献的中青年专家。

特发此证，以资鼓励。

编号：13860022

1987年6月12日

▲ 1987年王性炎突出贡献青年专家

荣誉证書

兹授予　王性炎　教授

第三届刘业经教授基金奖

刘业经教授奖励基金管理委员会

一九九八年十一月二十五日　北京（代用章）

▲ 王性炎教授荣获第三届台湾中兴大学刘业经教授奖励基金

证　书

王性炎同志：

为了表彰您为发展我国高等教育事业做出的突出贡献，特决定从一　　　月起发给政府特殊津贴　　　证书。

国务院

政府特殊津贴第92527006号

一九九二年　月一日

荣誉证书

王性炎同志：

在一九九七年“农业科技推广年”活动中，成绩突出，被评为先进个人，特此表彰。

国家　　局

一九　　月

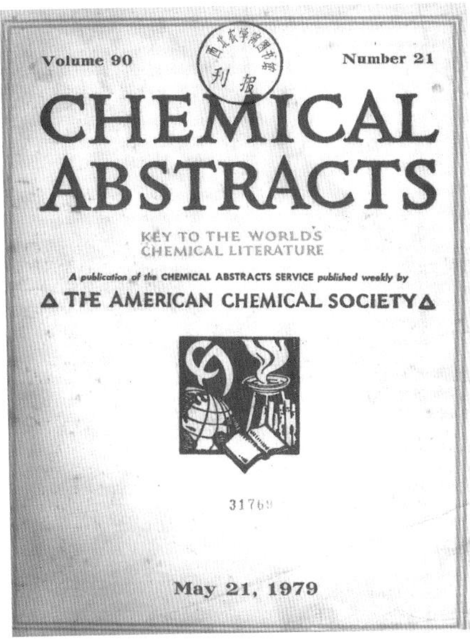

163187 *Chemical Abstracts*

[56-86-0] was present in the root in all treatments, and *methionine* [63-68-3] was present in all treatments except the control. *Aspartic acid* [56-84-8] was totally absent in the root, but was present in the shoot. Aspartic acid was present in the shoot in treatment with **II** and **III**, *tyrosine* [60-18-4] with **II** treatment, and glutamic acid with **I** (R = Me) [69793-60-8]. Treatment with **I** (R = OH) [69793-61-9] retarded the accumulation of moisture and volatile matter. Plant growth activity of *s*-triazolo[5,4-*b*]naphtho[2,1-*d*]thiazole derivs. was discussed in relation to the title compds. The system C:NN:C(S)N is apparently a plant growth promoter for legumes.

√90: **163188q Increase of lacquer production by ethrel treatment.** Wang, Xing-Yen; Wu, Chung-Lu (Dep. For., Northwestern Agric. Coll., Wukung, Peop. R. China). *Chung-kuo Lin Yeh K'o Hsueh* **1978**, (4), 46-52 (Ch). *Ethrel* [16672-87-0] (8%) applied to (painted on) the sublayer of the bark of lacquer trees (*Rhus verniciflua*) resulted in a 20-30% increase of the yield of lacquer. Best results were obtained by application of ethrel in the middle of July. However, time of application had no effect on the chem. and phys. properties of lacquer.

90: **163189r Propagation of common pine (*Pinus silvestris*) from cuttings.** Barzdajn, Wladyslaw (Pol.). *Sylwan* **1978**, 122(8), 1-8 (Pol). Application of 1.0% *IAA* (**I**) [87-51-4], 0.5%

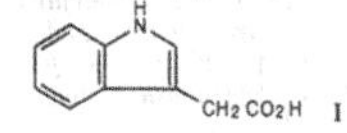

IBA [133-32-4], or 0.5% *NAA* [86-87-3] to lower ends of pine cuttings increased the percentage of rooting after a 24-wk growing in sand from 21.7 to 61.7, 48.3, and 40.0, resp.

▲《美国化学文摘》1979 年 5 月 21 日

发 明

专利证书

第 782 号

发明名称：生漆内掺杂物质的检验方法及其装置

发明人：李琪 王性炎 樊金拴

专利号(申请号)：85 1 09541.0

专利申请日：1985年12月29日

专利权人：西北林学院

该发明已由本局依照中华人民共和国专利法进行实质审查，决定授予专利权。

中华人民共和国专利局局长 高卢麟

1986年 3月 10日

▲发明专利证书——生漆内掺杂物的检验方法及其装置

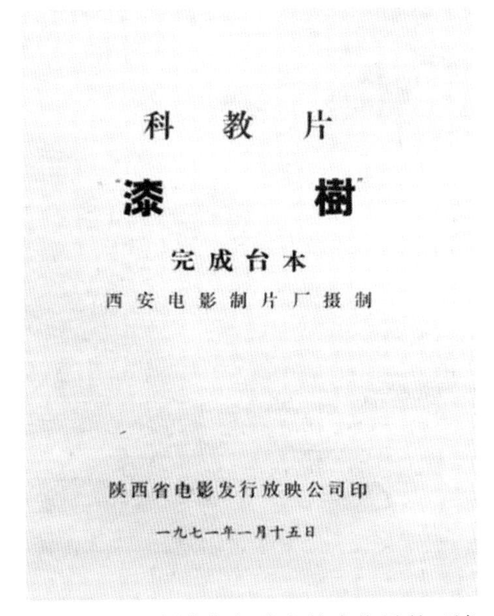

科 教 片

"漆 樹"

完成台本

西 安 电 影 制 片 厂 摄 制

陕西省电影发行放映公司印

一九七一年一月十五日

▲王性炎教授参与撰稿和技术指导的“漆树”科教片

王性炎学术著作

中国漆史话　陕西科学技术出版社　1981

王性炎学术论文集　四川民族出版社　2001

中国元宝枫　西北农林科技大学出版社　2016

中国元宝枫与人类健康　西北农林科技大学出版社　2019

中国元宝枫开发利用　中国林业出版社　2019

中国元宝枫生物学特性与栽培技术　中国林业出版社　2019

前　言

《中国漆树》是我从事漆树研究十余年历程的记录，它凝聚着我寻寻觅觅的科学实践的艰辛，亦珍藏着我对漆树科学研究的累累足迹。当然，使人铭心难忘的是该书的出版问世，与我的老师吴中禄教授和合作研究的同事们辛苦奉献是分不开的。这里，请允许我深深地感谢他们。就是这份弥足珍贵的情谊，让我怀着一颗赤诚之心，在漆树研究和生产实践中度过了十多个春秋。

回首往事，颇多感慨。特别难忘的是，在1974年全国生漆会议结束后，国家商业部和全国供销合作总社的领导委托我，全面考察生漆在我国工农业生产和民生中的应用现状和存在问题，以供未来生漆产业的发展创新决策。为了进入国防军工部门调研，专门经国防部审批办妥通行证。1975年，在东海舰队访问了潜水艇、鱼雷快艇生漆涂料用于船底漆的应用效果，考察了海军航空油库用生漆内壁施工现场，受到部队领导的热情接待。去原子能研究所访问了生漆用于防辐射的防辐屏应用效果等。在历时近十个月的考察中，访问了化学工业（上海吴泾化工厂、上海染料化工厂等）、石油工业（大庆油田、上海旭光造漆厂等）、采矿工业（江西东乡铜矿等）、纺织印染工业（上海纱管三厂、上海第一丝绸印染厂、上海棉纺厂等）、农用机械（上海工农喷雾器厂）、漆器工艺品（北京雕漆厂、扬州漆器厂、福州脱胎漆器厂、上海艺术雕刻二厂等）、文物保护单位（北京故宫、上海豫园、敦煌莫高窟等）、考古单位（湖南马王堆西汉古墓中的漆器）等。通过上述部门的访问和考察，我深深体会到，生漆与巩固国防、发展国民经济和人民生活具有重要作用。完成了“国漆在国民经济中重要作用”的调研报告。商业部和全国供销合作社对此报告十分重视，商议筹建“中国漆研究所”促进生漆科研和生产发展。

20世纪70年代,我在陕西省平利县、岚皋县与漆农同吃、同住、同劳动的“三同”岁月里,经过三年多采割生漆的生产实践,深切体会到“百里千刀一斤漆”的确是对漆农辛苦劳动的真实写照。当时正处在我国经济困难时期,我随漆农在凌晨3点起床进入漆林采割生漆,到太阳升起时树皮伤流停止时才收刀。近6个小时不断爬树采割,又冷又饿,收刀时已筋疲力尽,一不小心还容易中漆毒。通过三年的亲身体验,看到这种落后艰苦的生产状态,萌生了急待改进割漆技术,改善劳动条件,提高生漆产量的念头。1973年,我去海南岛考察橡胶采割技术,从中受到很大启示。利用乙烯利刺激生漆增产试验,通过三年的努力,在多部门齐心协力下获得成功,使生漆产量提高20%以上。制定出“利用乙烯利刺激割漆简明技术要点”在全国推广,生漆采割技术进入了新时代。该成果获1978年全国科学大会奖和陕西省科学大会奖。

在改进割漆技术过程中,我参与培养了“中国第一代女漆农”。我国生漆产区历来就有:“只有男人能上树,哪有女娃学割漆”的传统观念。1976年,在平利县政府的支持下,在仁河公社五星大队和红星大队,分别选出两名贫苦家庭的女青年培养女漆农。在大家的帮助支持下,她们不怕苦、不畏难,学会了新法割漆,掌握了利用乙烯利增产和漆树嫁接繁育优良品种等新技术。年仅19岁的女漆农胡厚荣,以实际行动冲破了传统观念,成长为中国第一代女漆农,被平利县推选为陕西省人大代表。是年青一代善于在生产实践中创新的精神,推动着生漆生产的发展。

《中国漆树》记述的是70年代到80年代的研究历程,距今已三十多年。但它珍藏着我们十多年来艰苦奋斗的硕果,更珍藏着这段研究进程中若干个“首次”和“第一”。

(一)首次对中国漆的历史进行了系统整理。撰写的“中国漆的历史概况”,在1980年农业出版社的《漆树与生漆》书中列为第一章;《中国漆史话》于1981年,由陕西科学技术出版社出版。该书1985年被评为全国林业科普创作二等奖;撰写的《漆树》编排在《中国农业百科全书》上卷中,1989年4月农业出版社出版,该书1994年获第六届全国优秀科技图书一等奖,我是获奖人之一。

(二)首次对中国漆在国民经济中的重要作用进行了全面的调查研究。中国漆在国防军工和防辐射等方面的应用效果令人震惊,潜水艇和鱼雷快艇的船底防锈漆,航空油库内壁的防护漆,生漆显示出优异的防腐蚀性能。生漆在国民经济中各方面应用价值的显现,对生漆生产的发展起到重要的促进作用,同时也推动了我国生漆生产省区生漆科研机构的诞生。

(三)首次进行了漆树良种嫁接育苗,推动了漆树良种的快速发展。对毒性很大的漆树进行嫁接,其难度不是嫁接技术,而是与漆毒共舞,多数人望而止步。(研究论文《漆树芽接试验初报》发表在北京《林业科技通讯》1978 年第 1 期第 5-6 页。)

(四)培养中国第一代女漆农,冲破了妇女不割漆的传统观念,北京《人民画报》记者专程来采访,女漆农胡厚荣被选为陕西省第六届人大代表。

(五)首次改进传统的割漆技术,利用乙烯利刺激生漆增产,使单株产漆量增长 20%以上,且质量良好。“乙烯利刺激生漆增产的研究”研究论文发表在《中国林业科学》1978 年第 4 期上。《CHEMICAL ABSTRACTS》美国化学文摘 1959 年 5 月将该文收录,足见国外对此项研究的重视。

(六)首次对生漆漆液各层次中漆酚的含量、漆酶的含量及活性、水分、树胶质、含氮物及灰分含量,自上而下的变化进行了比较分析;对秦岭大木漆漆液不同层次的显微构造、生漆乳状液的类型、不同层次的干燥速度等进行了研究。填补了国内外生漆研究中的此项空白,为进一步提高生漆利用效率和开拓应用领域提供理论依据。(研究论文《中国生漆漆液研究》发表在《林产化学与工业》1997 年第 2 期第 41-46 页。)

(七)《漆树品种调查、育苗和增加流漆量的研究》1978 年 3 月获全国科学大会奖。同年获陕西省科学大会奖。

《漆树综合研究》1980 年获陕西省人民政府科技成果一等奖。

我国古代在生漆生产和利用方面取得的科学技术成就,为我们提供了丰富的知识和宝贵经验。在中华民族文明的宝库中,它像一颗耀眼的明珠映射着中国劳动人民聪明才智的光辉!科学最珍贵的精神就是实事求是,从中国生漆的发展历程中,我们可以看到其中许多史料和经验永远是有用的。通过先人的启示,有助于现代科技工作者更上一层楼。

王性炎

2020年5月

目　　录

上篇

中国漆史话

从漆字谈起

人类的文字是从图画演变而来的，许多民族的文字都是这样。我国最古的文字就是象形文字。我国象形文字产生在什么时代，现在还无法知道。就现存的古代文字来说，当以三千五百年前商代后期甲骨上所刻文字为最早。

三千五百年来，我国文字的形体，经过了几次重大的变化。

甲骨文（商殷时代）——古文（籀文、大篆）（西周—战国）——篆书（小篆）（秦代）、隶书——隶书、草书、行书（汉代）——楷书（三国时）——印刷体（印刷术发明后）——手写体（明代）——

在第一和第二期甲骨文中，代表数字“10”的字，在甲骨文中写作“1”（见《殷墟文字甲编》），而代表数字“7”的，却在甲骨文中写作“十”（见《殷契佚存》）。“十”这个字读“qi”也就是“七”。文字产生于劳动人民的生产实践，这个“十”很像古代劳动人民在漆树上采割漆液时的割口形状（后来随着割漆技术的改进，现在的割漆方法已发展为柳叶形、画眉眼形、剪刀口形和牛鼻子形等）。人们认识了漆树，初步了解了生漆的性质，摸索了采割生漆的方法，才产生甲骨文“十”。

后来，随着社会经济文化的发展，由“十”演变出来的字有：七、㭍、柒、桼、㯃和漆等字。这可从一些古籍和古代许多器物铭文中查到，上述诸字经常互相通用而得到证明。如汉代杨雄所著《太玄经》卷七中有这样几句话：“运诸桼政，系之泰始极焉”。这里所说的“桼政”即“七政”。在汉代，七桼二字互相通用，见本书注云：“言玄之齐七政，以象天地如此”，可见“七”“桼”是一个字。又如《方言》卷二中有：

“吴有馆娃之宫，秦有㯃娥之台”。

这里的“榛娥”就是“七娥”。《山海经》卷二·西次四经有“刚山多柒木”，这个“柒”字就是“漆”，“柒木”即“漆树”，见清人毕沅校本注：“柒当作桼”。汉代许多铜器、铜镜的铭刻，常以“桼”代“七”；另外，在李翊夫人碑文中还有“𣏟”“七”互用之例。因此，柒字就变成了后世七字的“大写”了[1]。

汉代许慎著《说文解字》中记载：

> “桼木汁可以髹物，象形桼，如水滴而下，凡桼之属皆从桼亲吉切。”

以象形文字和通俗地解释，即从树木上流下之水汁。现在我们分析一下这个“桼”字，上部从木，左右各一撇，像用刀切破树皮的割口，下部从水，像水汁流出状。可见，早在象形文字时代，古代劳动人民对漆树的特性及采漆方法等，已经有了一定的认识。

随着社会的进步和文化的发展，以“桼”字命名河流而演变为现今的“漆”字。《说文解字》：“漆水出右扶风杜陵岐山，东入渭，从水桼桼声。”因之这个漆字应为水名。《诗经·大雅·绵》中记有：“民之初生，自土沮漆”，《尚书·禹贡》中有：“漆沮既从”，《汉书地理志》以为漆水在漆县西；《经义述闻》卷六中说：“漆县为唐之兴平”，即今陕西省之兴平市。可见，漆水名称的由来，无疑与漆树有关。这就是说“桼”字按其象形的原意本来是不需要旁边的三点水的，后来有一河流因桼而得名，称之为“漆水”，这是“漆”字出现的原因（篆文写作“”）。因出现了“漆”字，由此才把表示植物的桼树的“桼”也写作“漆”了。总之，“漆水”是因“桼”而得名，“桼”又因“漆水”而演变写作“漆”。从文字的这一变化过程可以推测，古代这一条从岐山流经乾县进入渭河的河流，其两岸必因有茂密的漆树林而著名，且发现最早。

---

① 史树青，“漆林识小录”《文物参考资料》1957 年第 7 期

我国古代自春秋时就出现了以漆命名的人和地。《古今姓氏书辩证》中有“漆”姓(“漆雕”复姓)。孔丘的弟子中有漆雕开、漆雕哆、漆雕徒父(《史记・仲尼弟子列传》);在《韩非子・显学》及《孔丛子》等书中都提到漆雕开。《路史》中记:“吴后有漆雕氏”。当时,还有以漆为城名的“漆邑”:“郑庶其以漆闾来奔”《左传・襄公廿一年》考其地望约在今山东省邹县东北之漆城。《列女传》中载有“漆室邑”女。这些人名、地名均与漆树的栽培和生漆的利用有关。

古代在发现墨以前,就用生漆书写文字。陶宗仪所著《辍耕录》中写道:“上古无墨,竹梃点漆而书”。《云麓漫钞》中记有:“上古结绳而治,二帝以来始有简策,以竹为之而书以漆”。汉代就发现了古时用漆写的书,如《后汉书・杜林传》中记有:“先于西州,得漆书古文尚书十卷”。《髹饰录》杨明所写序言中写道:“漆之为用也,始于书竹简”。竹简是在两千多年前,当纸张还未问世时,人们用它来书写文字、记事的工具。

《学古编》(元代吾丘衍著)中写道:

“科斗为字之祖,象虾蟆子形也。上古无笔墨,以竹梃点漆,书竹简上。竹硬漆腻,画不能行,故头粗尾细,似其形耳。”

《晋书・束皙传》:“太康二年,汲郡人不准盗发魏襄王墓,或言安釐王冢,得竹书数十车。简书折坏,不识名题,漆书皆科斗字”。

新中国成立以来,考古工作者在各地相继发现了许多批竹简,例如:1956年,河南省信阳长台关发掘一座战国大墓①,内有竹简二十八支,内容大约是记载随葬物的清单。山东银雀山出土的《孙子兵法》《孙膑兵法》;湖南长沙马王堆和湖北江陵凤凰山出土的简牍;湖北云梦县出土的秦代文书、法律等竹简,都是十分珍贵的历史文物。由此可见,我国文字的起源与生漆利用历史之悠久。

---

①　《文物参考资料》1957年第九期

漆树的形态和分布

在我国古代史籍中,有关漆树形态的记载颇多,比较准确地描述了漆树的形态特征,如:

《尔雅翼》记述:漆木高二三丈。叶如椿樗,皮白而心黄。

《本草纲目》记述:"[保升曰]漆树高二三丈余。皮白叶似椿。花似槐。其子似牛李子。木心黄。[时珍曰]……其身如柿。其叶如椿。"

《农政全书》记述:"树似榎而大。高二三丈。身如柿。皮白。叶似椿。花似槐。子似牛李子。木心黄。"见(图1-1)。

图1-1 漆树(复制自《古今图书集成》)

《三农纪》《王桢农书》《群芳谱》和《花镜》等书中均有类似记载。

以上的书籍说明,我国古代对漆树的形态特征早有调查研究。漆树叶和椿树叶相似,花序像中国槐,为顶生圆锥花序,果实像鼠李子,树皮灰白色,木材外白心黄,与桑木相似。这对漆树的各部作了形象而完整的描述。

漆树在我国古代分布甚广。在西周(公元前1027年—前771年)和战国时代(公元前481年—前221年)的经典史籍中,已有较详细的记载。

《诗经》是我国最早的一部诗歌总集,其创作始于周初,其中记有:"树之榛栗,椅桐梓漆,爰伐琴瑟。"说明早在西周时期,已将漆树和泡桐、梓树、楸树等视为同等重要,也是制造古琴的重要材料之一。

《书经·夏书禹贡》

《禹贡》是战国时期的作品,其中记有:

“兖州，厥贡漆、丝。”

“豫州，厥贡漆枲。”

根据史学家范文澜同志绘制的“《禹贡》与《职方氏》九州合图”，兖州大致在今山东省西北部、河北省东南部及河南省东北部；豫州大致包括今河南省之大部，陕西省东南部，湖北省北部，山东省西南部及安徽省西北部。

由此可知，在战国时期上述地区为我国生漆主产区，漆树的天然分布也比较集中。

战国后期的作品《山海经》中，更为详细地记载了当时漆树的分布状况。“号山其木多漆、椶，漆树似樗”《西山经》（号山在今陕西佳县，椶即棕树，“英鞮之山上多漆木”《西山经》（英鞮之山在今甘肃陇西一带）。“虢山其上多漆”《北山经》（虢山在今河南省卢氏县东北）。“京山有美玉多漆木”《东山经》（京山在今河南省北部和河北省大部）。“姑儿之山，其上多漆，其下多桑柘”《东山经》（姑儿之山在今山东省东部）。“熊耳之山今在上洛县南，其上多漆，其下多椶”《中山经》（熊耳之山在今河南省卢氏县西南，陕西省洛南县东南）。“翼望之山……其上多松柏，其下多漆梓”《中山经》（翼望之山在今河南省内乡县）。

战国以后，随着社会经济的发展，生漆用途渐广和用量增加，对漆树的调查研究也随之深入，产漆地区不断扩大。秦、汉时期，巴蜀地区也成为生漆的重要产地。《华阳国志》卷二《汉中志》中记述有如梓潼郡（今四川省梓潼一带）、武都郡（今甘肃成县以西）等地都盛产生漆。

《南越志》记载：“绥宁白水山多漆树”（今两广一带）。

《本草纲目》记载：“[集解][景曰]今梁州漆最甚。益州亦有。广州漆性急易燥。”[梁州今陕西南郑，益州今云南省境内]。“……[颂曰]今蜀汉金峡襄歙州皆有之。”（蜀：四川；汉：陕西汉中；金：陕西安康；峡：湖北宜昌；襄：湖北襄阳；歙：安徽歙县）。“…[时珍曰]……以金州者为佳。故世称金漆。……今广浙中出一种漆树。……黄泽如金。即唐书所谓黄漆者也。”

仅就上述古籍记载看来，古代对漆树的分布已有较详细的调查记载，而漆树的天然分布遍及我国西北、西南、华中、华东、华南等省区。我国古代生漆的主要产地，春秋战国以前，大约沿秦岭、巴山、渭河、汉江流域到黄河中、下游一带，即主要分布在今陕西、河南、湖北、山东和陇西一线。秦、汉时期，巴蜀也成为重要产地。秦、汉以后到明、清，扩大到华南、华东地区。

我国幅员辽阔，大部分省区适宜漆树生长，为世界上漆树资源最丰富的国家。漆树在我国的分布现况，大体是北纬21°~42°，东经90°~127°之间。水平分布界线，西起西藏自治区雅鲁藏布江下游墨脱、察隅一带，向东经云南省怒江河谷的贡山，到澜沧江的德钦，经四川省沙鲁里山南麓的稻城，再沿理塘河的木里，向北经贡嘎山脉的九龙、康定，经大渡河上游大、小金川，经马尔康、黑水到岷江上游的松潘，再经岷山进入甘肃省的白龙江上游舟曲到渭河发源地渭源一带，以上是西界。北界从宁夏回族自治区六盘山泾源起，经甘肃省的平凉、乔山、华池，往北到陕西省的志丹、延安一带，然后向东跨黄河进入山西省的永和、大宁、蒲县，再由汾河谷地霍县，经沁河上游的沁源到太行山西侧的左权，进入太行山区，由河北省平定北上，经灵寿、阜平到小五台山到北京郊区的昌平，沿长城以南地区出关进入辽宁省东部的抚顺、桓仁。南界起于云南省怒江中游的泸水，向东经过兰坪、剑川、鹤庆、大姚、武定、陆良、师宗、罗平到贵州省南部的兴义、贞丰，向北经紫云、都匀、黎平进入广西壮族自治区的三江、龙胜、兴安，向东经南岭山区的粤北山地，经过赣南到闽南一带山区。东界可达我国东部沿海，从胶东半岛的荣成、崂山，江苏省的东台、如东，浙江省的余杭、天台、仙居到福建省的莆田。

上述漆树的分布状况，按我国行政区划来看，包括了全国22个省(区)市和500多个县。其中以陕西、湖北、四川、贵州和云南五个省的漆树资源最丰富，产漆量最多。其次是甘肃、河南、湖南、江西、安徽、浙江、江苏、福建、河北、山东、山西。其他省(区)、市如西藏、广东、广西、辽宁、宁夏和北京地区亦有相当一部分漆树资源。

漆树的栽培和经营

在上古时代，人们为了生活，不得不同自然界作顽强的斗争。人类社会生活的发展，是和林业技术的发展分不开的。当人类进入熟食时代以后，就开始以木材为燃料。燧人氏钻木取火，森林已为人类所利用。神农氏教民种植五谷，以木材制农具，人类开始进入农业时代。由于用材的增加和农地的扩充，原始森林逐渐遭到破坏，在人烟稠密之处，森林日趋荒废。鉴于森林破坏日益严重，上古帝舜时代就有护林官制——“虞人”的设置。到禹平洪水之后，区分九州，因地制宜，于是神州之林产始兴。远从禹的时候起，生漆就作为贡品进献给朝廷。如《禹贡》中记有：

“兖州、豫州贡漆，徐州贡桐”

说明我国很早就已经有特用经济林的经营了。

商、周和春秋战国时期，漆树已成为重要经济林木，并被纳入林业管理规划中。《周礼·夏官》记载：“职方氏掌天下之图，以掌天下之地，辨其邦国、都鄙……之数要。周知其利害，乃辨九州之国。使同贯利。东南曰扬州。其镇曰会稽，其泽薮曰具区，其川三江。其浸五湖，其利金锡竹箭，……河南曰豫州，其山镇曰华山，其泽薮曰圃田，其川荧雒，其浸陂溠，其利林漆丝枲。”当时不仅重视天然漆林的利用，且大力发展人工漆林，并设有管护漆林的官吏和征收漆林税的制度。《周礼》卷第四地官司徒下记载：“载师掌任土之法。以物地事。授地职……凡任地。国宅无征，园廛二十而一，近郊十一，远郊二十而三，甸稍县都皆无过十二，唯其漆林之征，二十而五。”《史记·老子韩非列传》记载：“庄子者，蒙人也”，(一)名周。周尝为蒙漆园吏，(二)与梁惠王、齐宣王同时。

(一)〔集解〕地理志蒙县属梁国。〔索隐〕地理志蒙县属梁国。刘向别录云宋之蒙人也。〔正义〕郭缘生述征记云蒙县,庄周之本邑也。

(二)〔正义〕括地志云:“漆园故城在曹州冤句县北十七里。”

此云庄周为漆园吏,即此。按:其城古属蒙县。《续述征记》:“古之漆园在中牟(今河南省境内),今犹有漆树也。梁王时庄周为漆园吏,即斯地。”

上述资料表明:春秋战国时期对漆林的经营是十分重视的。随着生漆使用范围的扩大,人工漆林的发展,当时的统治阶级为了加强对漆林的管理,专设有“漆园吏”的官职,庄周(庄子),系战国时宋蒙(今河南商丘市东北)人,生于公元前369年,卒于公元前286年,是我国古代著名的哲学家,被任为掌管漆园的官吏。而且,从当时税收制度上看,漆林税较其他税额均高,二十中抽五。正因为如此,在战国时代就已经出现经营漆业的大商人。据《史记·货殖列传》记载:“白圭,周人也。……夫岁孰取谷,予之丝漆……”。

秦代提倡广植行道树,大搞园林化,而漆树也列为其中之一。如《西京杂记》卷一中记有:“初修上林苑,群臣远方,各献名果异树,亦有制为美名以标奇丽…… 白俞、梅杜、梅桂、蜀漆树十株”。上林苑系秦始皇统一中国后,在咸阳大兴土木建筑的宏大宫殿园林,在苑里修建了著名的阿房宫。此系将漆树作为庭园观赏树之一例。

汉代林业兴盛,制漆业发达,人工漆林发展迅速,国家也更为重视漆林的经营。《金石索》卷五金索印玺之属,有“常山漆园司马”“漆园司马”两颗汉印。证明漆园司马确是普遍设立的一个官职。连遥远的常山(今湖南境内)都有专门管理漆园的司马。《史记·货殖列传》中记载:

“……安邑千树枣;燕、秦千树栗;蜀、汉、江陵千树橘……陈、夏千亩漆;齐、鲁千亩桑麻;渭川千亩竹……此其人皆与千户侯等。”(陈、夏今河南和山西夏邑一带)。“……木器髹者千枚,铜器千钧……湊千斗……此亦比千乘之家”

〔集解〕徐广曰:“髹音休,漆也。”〔索隐〕髹者千。上音休,谓漆也。千谓千枚也。〔索隐〕汉书作“漆大斗”。案:谓大斗,大量也。言满量千斗,即今之千桶也。这里说明,当时有千亩漆的收入,就相当一个千户侯。有千件漆器,千桶漆者,其财富也相当于千乘之家的公侯。

这样更刺激了人工漆林的发展,如《后汉书·樊宏阴识列传》中记述:“樊宏字靡卿,南阳湖阳人也,世祖之舅。……父重,字君云,世善农稼,好货殖。……尝欲作器物,先种梓漆,时人嗤之,然积以岁月,皆得其用,向之笑者咸求假焉。资至巨万,而赈赡宗族,恩加乡闾。”可见,汉代的地主阶级大量营造漆林作为升财之道,从漆树经营中得到巨额收入。

以后历代均把漆树作为重要经济作物。如唐代著名诗人王维,在其辋川的庄园内,就设有“漆园”。《王右丞集》卷四有辋川集凡二十题,原序云:“余别业在辋川山谷,其游止有……漆园、椒园等,与裴迪闲暇,各赋绝句云尔”。今所传宋人郭忠恕所绘辋川图卷,系从唐本所出。下图中漆园(图1-2和图1-3)是明人郭世元摹绘郭忠恕本辋川图卷。我们从其中可以看出唐代地主庄园的经济面貌和漆园的种植情况。

图1-2　明人临本郭忠恕辋绸川图卷漆园部分

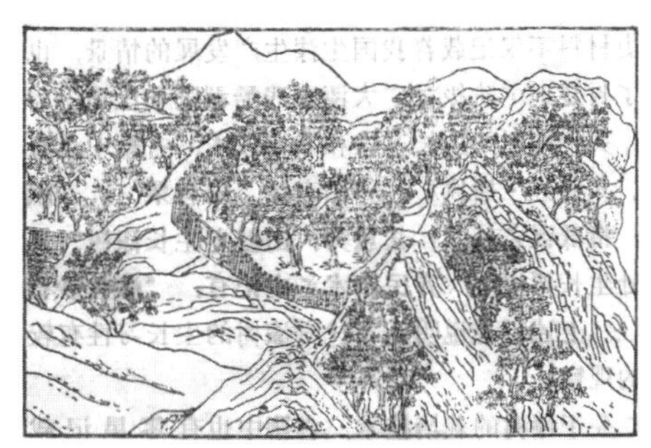

图1-3　明万历间郭世元摹绘辋川图卷漆园部分拓本

北宋末年,宋徽宗推行的“花石纲”(专门搜刮奇花异石,运到汴京建宫殿林苑)进一步把两浙人民推进水深火热之深渊,阶级矛盾日益尖锐。当时歙州(今安徽歙县)有位名叫方腊的好汉,流落在睦州青溪(今浙江淳安县)一个大漆园主方庚家做雇工,对现实不满,他召集贫苦农民揭竿起义,漆园誓师。这就是著名的“方腊起义,漆园誓师”。明代皇帝朱元璋于明初洪武年间(公元1368—1398年),在南京东郊建立皇家漆园、桐园,种漆桐各千万株,以建造海军战船。如王焕镳《首都志》卷三中记载:“洪武初,以造海军及防倭船,油漆棕榄,用费繁多,乃立三园,植棕、漆、桐树各千万株,以备用而省民供焉”。今南京孝陵卫东,尚有明代三园的遗址,它的规模是相当宏大的。以后,对漆林的管理也愈益重视,如《食货志》中记载:“竹木茶漆税十之一”。至今,在我国重点产漆地区,如陕西省平利县胜利公社的牛王庙,还保留着清代对漆林管护的碑文。这些历史材料不仅记载着我国生漆生产发展的情景,也反映了封建地主阶级对广大漆农残酷剥削和压迫。

关于漆树的生长习性和栽培技术,古籍中也有记载。《诗经·唐风》:“山有漆,隰有栗”。(隰音习,指低湿之处。)其意为:山坡上生长漆树,低湿之处生长栗树。《齐民四术》中记有:“漆宜砂石山坡”。上述记载说明,古代对漆树的生长习性有较详细的观察。

关于漆树的栽培技术,古籍中也有零星记载。《本草纲目》:“[集解]。……[时珍曰]漆树人多种之。春分前栽植易成。有利。”《农政全书》:“春分前移栽。易成有利。一云腊月种。”《王桢农书》等书中也有类似记载。

上述记载说明了漆树春植较好,但也可冬植。古代常用春植,因为春天尤其是早春,土壤解冻后,空气和土壤都比较湿润,气温也逐渐上升,很适合于苗木生长。我国目前也多在春分前开展大规模的漆树造林工作,但也不排除冬季造林的特点。

关于造林方法,我国古代早已认识到,凡根部萌蘖性发达的树种,都可从母树根取得根穗,以及在修剪苗木根系时,采取其部分根系作为根穗,栽植土中,使之萌蘖为独立植株。漆树是根萌性发达的树种,除了播种育苗造林外,自古盛行分根造林法。《齐民四术》等书中记载了有关漆树分根造林技术,漆树种植应选择在砂质土壤的山坡,掘取根部,截取三寸长的根穗,供栽植之用。并说明了漆树对土质的要求和分根造林时根穗截取的适宜长度,都是非常合理的。至今,我国广大产漆地区还在沿用这些技术,而且也是繁育漆树良种的主要方法。

割漆技术的改进

生漆是从漆树皮部割取的树液。由于我国生漆生产具有悠久的历史,古籍中也记载了不少割漆技术方面的内容。

成书于公元前三世纪的《吕氏春秋》记载有“季春之月”“脂胶丹漆无或不良”(《三月纪》)。《庄子》一书中记有“桂可食故伐之,漆可用故割之,人皆知有用之用而莫知无用之用也”。由此说明,割漆早已成为习见的生产活动。《古今注》记载:“漆树,以刚斧斫其皮开,以竹管承之,汁滴管中,即成漆也”。《南越志》记载:“……刻漆尝上树端,鸡鸣日出之始便刻之则有所得。过此时,阴气沦阳气升,则无所获也。”。《尔雅翼》记载:“六七月间以斧斫其皮开。以竹管承之。汁滴则为漆。”。《农政全书》记载:“取用者。以竹筒钉入木中取汁,或以刚斧斫其皮开,以竹管承之,滴汁则为漆也。”《三农纪》记载:“野生者树大汁多,植者木至碗大方割。至秋霜降时,用利刀镟皮勿断。须留勫路。若割断则木枯。收时先放木水,然后以竹管插入皮中纳其汁液,须晒干生水收用。”《齐民四术》,“漆……种之三年或五年后。于七月以斧斫其皮侵肉,开二分许阔。向下螺旋及根,开口大如新月,以蚌承之。每取讫,复插入,以汁枯为度……”

从上述文献可见,古代割漆技术是逐步提高的。成书于公元前三世纪的《庄子》中谈到割漆是为了利用。公元三世纪西晋崔豹的《古今注》里则记述了割漆和收漆的工具。到十世纪《尔雅翼》的记载里则记述了漆树生长到二三丈高时方可开割,并指明割漆季节以在农历六七月间为宜。《南越志》更具体地说明了每天割漆的时间,必在日出之前进行。至十八世纪《三农纪》的记载中,特别指出割漆不能环绕树皮,必须留出一定宽度的营养带(即勫路),否则树必枯死。这些都是很符合科学原理的。至十九世纪包世臣所著《齐民四术》中记载,割口的形状如新月形,与现今的割漆口型“V”字形相近似。以上史料说明我国古代劳动人民在割漆生产实践中不断总结提高割漆技术的过程。

把古代文献和近代劳动人民的生产经验对比，综合概括起来，割漆技术约有以下几点：

（一）割漆与漆树胸高直径大小的关系

《三农纪》里说："木至碗大方割"，意指漆树直径长到碗口大的时候，方能割漆。现今也规定，乔木型漆树品种胸径达到六七市寸时，才宜于割漆。如直径太小，则割漆之后，会影响漆树的正常生长及以后生漆的产量和质量。

（二）割漆与漆树年龄的关系

《尔雅翼》和《本草纲目》中说，漆树生长到二三丈高时可以割漆。《齐民四术》说，漆树种植三年或五年后进行割漆。这与上述胸高直径有密切关系，就是说，无论乔木型品种或小乔木型品种未到割漆年龄，高生长和直径生长不足，则漆汁道发育不完全，过早割漆，不仅产量低，且对漆树生长不利。

（三）割漆与天气的关系

《南越志》中说：每次上树割漆应在雄鸡叫鸣和日出之前进行，才有收获。如过了这个时候，太阳高升，空气湿度下降，则不会有什么收获。这一记述说明完全符合"蒸腾强度与伤流成反比"这一科学原理。黎明时，蒸腾强度低，空气湿度大，伤流旺盛，正是割漆的好时机。

（四）割漆季节与气温的关系

割漆季节据《尔雅翼》说，在六、七月。《本草纲目》和《齐民四术》中也有类似记载。说明了当进入初伏气温升高，日照长，漆树进入生长旺盛时期，光合强度大，产漆量高，生漆质量好，正是割漆的黄金季节。

我国古代劳动人民在割漆生产中的上述宝贵经验，迄今对当前的生漆生产仍有着重要的指导作用。

历史悠久的生漆检验技术

由于古代漆化学的研究和发展，对生漆的物理化学性质有了进一步的认识，生漆质量的检验技术也随之不断提高。

《本草纲目》记载："[集解][宏景曰]今梁州漆最甚，益州亦有。广州漆性急易燥。其诸处漆桶中自然干者，状如蜂房，孔孔隔者为佳。[保升曰]……上等清漆，色黑如瑿，若铁石者好，黄嫩若蜂窠者不佳。"

这里不仅说明了漆树的分布，两广一带的生漆干燥性能好，而且着重指出从漆桶中漆膜的结构可以判别生漆质量的优劣。质量好的生漆，漆膜的皱纹细致、排列规则、分布整齐、均匀，形状像蜂房。颜色深黑鲜丽如黑玉石的为上等，若为黄色蜂窝状的则为次等。

在目前我国生漆常规检验中，仍沿用着祖先的这一宝贵经验，同时注意漆膜韧性的好坏。如生漆质地不纯，掺入其他杂质，则漆膜结构与上述相反，特别是杂质多的，漆膜几乎结成一平板，没有皱纹或不甚明显。且由于生漆内掺杂物的成分和数量的不同，漆膜就呈现出深浅不同的色泽反应。一般情况是，掺入有少量水和油的漆膜韧性不好，色泽暗黑带红；掺水重的，漆膜形成一块平板，缺乏韧性，色泽昏暗；掺入油的漆膜韧性也不好，呈灰暗的棕黑色。特别是掺入较多不干性油的生漆，长期不易结膜。

在长期的生产实践中，古代劳动人民积累了丰富的生漆加工应用和检验技术经验。五代时的朱遵度为了总结历代漆工的经验，写出《漆经》一书，是最早的漆工专著。可惜，这样一本重要著作后来竟没有流传下来。但是，古代漆工所总结的著名验漆口诀还流传至今，现在仍在生产上发挥作用。

《本草纲目》记载："[宗奭曰]……凡验漆，惟稀者以物蘸起，细而不断，断而急收，更又涂于干竹上，荫之速干者。并佳。""[时珍曰]……试诀有云:微扇光如镜。悬丝急似钩,撼成琥珀色,打着有浮沤。”

上述验漆口诀,语言形象而精练,其中蕴藏着深刻的科学道理。与现在的验漆口诀:“好漆清如油,宝光照人头,摇起虎斑色,提起钓鱼钩。”对照相比,仅系文词上的变化。

品质优良的生漆收集入桶或装入玻璃瓶中,自然分层。三层色艳分明,即:油面、腰黄、粉底。拨开漆膜后,上层油面光亮似镜能照见人影,这是上层油状液体——漆酚的反射光。即所谓的“微扇光如镜”或“好漆清如油”。用木片或竹板在漆液中稍稍搅动时,面层即会出现虎背般的斑纹,均匀而美丽。即所谓的“撼成琥珀色”或“摇起虎斑色”。当停止搅动后,中间的深色漆会逐渐向两边扩散,同时因为搅动,吸收空气中的氧气量增多,此时漆酶的催化氧化作用急剧上升,漆液出现自然的向上翻动,显得十分活泼,并产生大量气泡,即所谓的“打若有浮沤”。当用木片挑起部分漆液向下流淌时,全板流速均匀,形成一条条又细又长的丝条,超过一定拉力,丝条断时,向两边相反的方向有力地迅速收缩,而形成鱼钩状,即所谓的“悬丝急似钩”或“提起钓鱼钩”。

掺假漆摇不出虎斑色,即便掺假较少,花纹也混乱不匀。品质优良的生漆,丝头细长,回缩力最大:陈漆的丝条虽细长,但回缩力较差;品质差的,丝条短而粗,没有回缩力。

古代鉴别生漆的干燥性能,是将生漆涂于干燥的竹板上,放在阴湿处,干燥速度快的为好漆,越慢越差,长久不易干者,便失去使用价值。发展到近代干燥性能试验已采用“调温调湿箱”,取定量生漆,均匀涂在玻璃板或竹板上,在温度20℃、湿度80%的条件下,注意观察记录干燥情况,凡结膜快,时间短附着力强、黑度深、光泽鲜艳的为好,反之则次。

古代的生漆检验技术,今天不只在我国,甚至传入东南亚产漆国家也还在沿用。

目前,我国检验生漆的质量,仍主要采用传统方法,即物理感观鉴定法,概括起来即看、闻、试、煎四个字。

一、看

1. 看漆膜

采割入桶后的生漆，由于接触空气和漆酶的催化氧化作用，漆液表面会自然结成一层漆膜。从漆膜结构看，质量优良的生漆，皱纹细致，分布均匀，颜色深黑鲜艳，韧性良好。凡掺入杂质的，由于生漆内掺杂的种类和数量不同，其漆膜状态和色泽反应也不同。一般掺入少量水和油的，漆膜韧性差，色暗黑带红；掺入水的为黄白色、水红色，漆膜粗糙，严重者形成一块平板，缺乏韧性；掺入油的是灰暗的棕黑色，漆膜韧性差；如果长期不能结膜，一般是掺入了较多的不干性油。

2. 看层次

新采收的生漆，经装桶后，如存放一周左右不搅动，会自然沉降形成三层。所谓油面、腰黄、粉底，就是对三层色泽的具体写照。各层次颜色差别显著，界限分明。凡掺入杂质或经强烈搅动后的生漆，层次遭到破坏，或叫上下一律。如将它们分别放在玻璃瓶中，就会一目了然。

3. 看转色

转色又称为转艳，正常的漆液当拨开漆膜后，表层为黄、赤黄或深谷黄色。当用竹板将生漆搅动后，会迅速转变颜色，由浅色逐渐转为深色。凡转变的色泽鲜艳，斑纹层次明显，是好漆的标志之一。转色过程的速度快慢，与生漆的干燥性能有密切关系，一般说来，转色速度快的生漆，其干燥性能好；反之则差。

4. 看“米心”

所谓“米心”，是生漆中一种乳白色形似碎米状的颗粒，有时颗粒很小，当缓慢搅动漆液时，部分“米心”破碎随漆液流动呈乳白色线条，如强烈搅拌，颗粒逐渐消失和漆液均匀混合。漆液中“米心”的存在，说明这种漆液纯正，是真正的漆液原状，这种漆能保存一定时间不易变质。一般大木漆“米心”小，小木漆“米心”大。没有“米心”的漆，一般说来，质地不纯。

5. 看丝条

用木片搅动生漆后，将木片提起看所黏附的漆液下流时悬垂拉成的丝条，丝条细长，下垂断丝后回缩力强，断头处回缩呈鱼钩状，即为好漆。如流下的漆液呆滞，丝条粗短，丝头断处无回缩力，或漆液下滴成团起堆，说明质量低。

6. 看含渣量

在采割生漆过程中，难以避免地会混入少量树皮屑等渣质；同时漆液因接触空气后，面层有自然干燥结膜现象，因而漆液内必然有少量自然干燥的软渣，这是正常现象。如含渣量过高，超过百分之三以上，则质地不纯。

二、闻气味

鉴别生漆，除用上述肉眼观察外，还可闻其气味。凡正常漆液都具有香味或酸味，根据香、酸气味浓度的大小，大致可以判断漆液的好坏程度，并确定其存放期的长短。大木漆液具有酸香味，小木漆液有芳香味。如气味过浓或有腐败和其他异味，都可能是变质的表现，这类漆不宜贮存。

三、试

1. 干燥性能试验

取试样前，用竹片先将生漆搅匀，然后取少量生漆均匀地涂在干净的玻璃片上，放入调温调湿箱（控制温度为20℃，湿度为80%）中，经过一小时后，每隔半小时，注意观察干燥结膜情况。凡结膜快、漆膜坚硬、黑度深、底板厚、遮盖力强、光泽透明的是好漆。

各品种漆液的干燥性能是有差别的，一般情况是，大木漆干燥结膜较快，小木漆较慢：新漆干燥性能好，陈漆较差；高山寒冷地区的生漆干燥性能好，平川丘陵地区的则较差。

2. 烧试

将漆液滴于纸上点火燃烧，凡易燃而无爆炸声者为纯漆，不易燃烧或有爆炸声者，一般系混有水或其他杂质的生漆。

3. 水试

取少量漆液滴入清水中,成螺旋形下沉者为好漆。如滴下后溶化散开有油花的则不纯。

4. 纸试

取少许生漆滴于毛边纸上,将纸挂起,不跑边、不走油者为好漆。如渗入油类的生漆则跑边,跑边范围宽,是油分含量重的现象。

5. 胚试

是指在保持生漆最快干燥速度下,能加入熟桐油混合的量。试验方法是,取一定量生漆,掺入不同比例的熟桐油,充分混合后,涂于玻璃板上,测定其干燥速度。凡掺入熟桐油量最多,且干燥速度快者为好漆。

四、煎

称煎盘法或锅烧法。煎盘是一种特制的专用器具(形如戥子)。试验方法是:准确称取搅匀的生漆试样 5 g(一钱),置煎盘于酒精灯上煎熬,离火要先近后远,并捻动煎盘挂绳,使煎盘旋转,促进水分蒸发。在煎熬过程中,先起大泡花,后起小泡花,花散,盘内冒青烟,漆呈清油状,并可看到盘底部时,应及时离火,然后称其重量,用百分比表示就是生漆的纯度(分数)。如重量为 6.5 分,则漆液的纯度为 65%;如重量为 7 分,则为 70%,如此类推。

煎盘法的要领,可以概括为八个字:即“烟起泡息,清盘亮底”。如果煎熬后,不是清盘亮底,而是泡沫不息,盘底和四周有沉积物,可以断定生漆中混入了杂质。但如生漆中只混入清水的,煎后仍能清盘亮底,盘上不留沉积物,在这种情况下,就需要根据正常生漆的纯度标准来判断。例如正常的安康小木漆,纯度最高者为 80%,中等的在 70%以上;正常的安康大木漆,纯度最高为 75%,中等的为 65%以上,达不到此标准的漆,一般都混入了水分。所以,根据煎盘法也可以判定生漆的质量。

我国检验生漆的传统方法,主要靠感观,其准确度取决于检验者的实践经验,即使是具有丰富经验的检验员,在检验中也必须把各种检验结果有机地结合起来,参照分析,综合评定,才能对生漆质量做出正确的判断。

生漆的利用和漆器的发展

生漆的利用是我国劳动人民的杰出创造,在人类文化史上是一枝灿烂的花朵。据文献记载,远在四千多年前的虞夏时代,就已使用生漆装饰食器和祭器。汉代刘向《说苑》反质中记载:"秦穆公闲问由余曰:'古者明王圣帝得国失国,当何以也?'由余曰:'臣闻之,当以俭得之,以奢失之。'穆公曰:'愿闻奢俭之节。'由余曰:'臣闻尧有天下,饭于土簋,啜于土钘,其地南至交阯,北至幽都,东西至日所出入,莫不宾服。尧释天下,舜受之,作为食器,斩木而裁之,销铜铁,修其刃,犹漆黑之以为器。诸侯侈,国之不服者十有三。舜释天下,而禹受之,作为祭器,漆其外而朱画其内。缯帛为茵褥,觞勺有彩,为饰弥侈,而国之不服者三十有二……'"《韩非子·十过篇》中也有类似记载。可见,在原始社会的新石器时代晚期,我国古代劳动人民已利用生漆来涂饰食器和祭器,且有黑漆和红漆的配色工艺了。

上述记载,虽然系历史传说,但也有一定根据,而非出于臆造。当我们的祖先没有发明记载思想语言的工具以前,一切生活活动的事实,都靠口耳相传。这种口耳相传的材料,在古代便是史料。所以"古"字在《说文》中解释道:"故也;从十口,识前言者也。"这字的构造,从十口,是十口相传的意思;是指它纵的联系——时间的联系来说的。这种世代相传的史实,都是从很早的古人口里说出来的。无疑的,今天研究史前文化,必须依靠出土的实物为最宝贵的材料。但是必须指出:古代遗留的实物,只占我们祖先活动成绩的一小部分;而古代实物的被遗留,和那些遗留下的实物已被发现的,又仅占实物中的极小量。事实上,我们也不能凭此极小量的实物,作为考古的唯一依据。那么,我们进行史前文化的研究,自然要把材料的范围进行推导,不仅不可局限于地下发掘,而且也不可局限于线装书中经、史、子、集的分类。把一切有文字记载的材料，都看成史料，问题便容易解决了。

事实上，上述记载，已由我国考古发掘工作所证实。例如1955年江苏省吴江区团结村和梅堰镇发现的新石器时代晚期遗址中，出土有漆绘黑陶器，其中还有两件完整的漆绘黑陶杯和漆绘黑陶罐，现藏南京博物院，这是现存的最古的漆器纹饰。系用生漆直接绘在烧成的陶器表面，经氧化后，纹饰呈棕褐色，从部分剥落的地方，能清楚地看出漆皮的痕迹。与此类似的漆绘陶片，于浙江钱山漾、上海马桥等新石器时代遗址都曾先后出土[①]。这些发现，把中国髹漆工艺史，从过去认为的始于殷周提早到新石器时代晚期，和《说苑》《韩非子》中记载的时代正相吻合。

1975年冬，又在河南安阳殷墟遗址发现漆绘陶片十余片，均为泥质黑皮陶，表面磨光，上涂黑漆，这种仿铜器花纹的漆绘陶器，在安阳殷墟过去很少见（图1-4）[②]。

图1-4　漆绘陶片

1972年11月，在河北省藁城县台西村出土的商代彩色漆器残片，是

① 罗卡子，"古代漆器"《光明日报》1962年8月30日

② 《考古》1976年第4期

现存的较古的漆器彩饰,值得我们珍视。从商代遗址中发掘的古文物看,漆器与当时工艺水平最高的青铜器相比,也毫不逊色。由此证明早在殷代,生漆的利用已有相当水平。

到了西周(公元前十一世纪到七世纪)生漆的应用更扩大了范围,漆器手工业在商代的基础上有所发展。那时车马饰物用生漆装饰,兵甲弓矢用漆髹涂,甚至建筑物也有用漆涂饰的。《春秋·谷梁传》记有:“庄公二十二年秋,丹桓公楹”,就是用朱漆涂饰建筑物的记载。

西周早期的生漆利用状况,中华人民共和国成立前在河南省浚县辛村古墓中曾有所发现。制作方法有两种:一是用蚌壳制成表面微突,底面直平的蚌壳,镶嵌于漆木器上。这显然是殷代镶嵌技术的继承。二是将大片蚌壳雕成各种几何纹样,动物形象如羊首形、蛙形、猴面形等,镶嵌到器物上。

生漆的应用,虽然到了殷代及西周前期,已经相当熟练,也相当普遍,但作为一种新兴的手工艺品而独立生产,似乎在西周后期才发展起来,达到比较成熟的阶段。

春秋时期(公元前770年—前481年),漆器制造逐渐形成一个独立的手工业部门。在洛阳中州路发掘的春秋初期的墓葬中,曾发现过一件漆器,可能是件竹筐的盖子,器表贴有一层织物,上施红黑两色彩画。说明我国漆器的彩绘装饰已经流行。春秋中叶,漆器以楚

图1-5　战国彩漆雕花板

左图是一九五三年长沙仰天湖第十四号墓出土
右图是一九五三年长沙仰天湖第二十六号墓出土

国为最发达。

战国时期(公元前481年—前221年)漆器工艺也很发达。

中华人民共和国成立后,在湖南、安徽、河南和山西等省发掘的战国墓中,都有大量制作精美的漆器出土。如1965年湖北省江陵县出土的彩漆双风虎座鼓、彩漆木雕禽兽座屏,彩绘花纹和铜器上相似,色泽仍很新鲜,并且还有透雕。1953年在湖南省长沙仰天湖第二十六号墓出土的战国彩漆雕花板(图1-5),以及在河南省信阳出土的大批彩绘漆木器,颜色和绘画都已有较高水平,很引人喜爱,均是十分珍贵的文物。

这些漆器在地下埋藏了二千余年,发掘出来还是完好如新充分证明了中国漆之可贵。从这些漆器制作技术上看,也有很高的水平。漆器胎型作法有用纯木的,有用薄木加裱麻布的,有用夹苎的,亦有用皮胎的。漆器品种也相当多,普遍到一般生活用具。装饰方法,有彩绘、有针刻、有银扣、有施金彩漆。图案有云龙纹、有鸟兽纹等,色彩鲜明、笔法生动有力。尤其在漆奁上的彩画车马人物姿态活泼优美描绘了当时的实际生活。战国时期的漆器花纹,是我国古代装饰图案最兴盛的时代,我们读了伟大爱国诗人屈原的《楚辞·天问篇》:“楚有先王之庙及公卿祠堂,图画天地山川神灵”。就会感觉到当时的绘画技巧已有相当高的水平。但战国时代距今有两千数百年,由于自然和人为的灾害,画家们的遗迹很难得到,仅能从现已发掘的图案花纹来探讨,这在文化史上有很高的价值。

秦汉时期制漆技术进入新的发展阶段,1976年3月,湖北省云梦县出土的一批秦代漆器,工艺细致,色彩匀称。尤其是两汉的漆器生产,其规模之大,分布区域之广,工艺水平之高都是空前的。在汉代官营漆器作坊中,仅制造漆器的工种有十余种之多,如髹工、彤工、画工、上工、素工、漆工、铜扣黄涂工、铜耳黄涂工、黄耳工、清工、造工、供工等等,可知当时做漆器已有严格分工。但漆工的专业化,当远在汉代之前。从出土的汉代纪年铭漆器上,可以考查出它的制作年代、地点和工匠名。1916年日本考古学者在朝鲜旧乐浪郡(今平壤沿大同江一带)发现汉代的漆器。1924年,在旧乐浪郡遗址,又获得大批漆器。在王吁墓址中发现有“五官椽王吁印”“王吁印信”及建武二十一年(公元45年)铭漆杯、“永平十二年”(公元69年)铭神仙龙虎画像漆盘等等。1933年发掘的王光墓址中,共获漆器八十四件之多。但是,新中国成立以来,全国各地陆续发掘出大量汉代漆器,特别是1972年湖南长沙市马王堆西汉古墓的发掘,漆棺中保存了两千余年的完好女尸,是中国考古史上的空前发现。其中出土的各类漆器仍华丽精美(图8)。汉代在漆器主要产地四川的蜀郡(成都)和广汉郡(广汉)设置工官监造漆器。据《汉书》记载,仅广汉郡一处每年为造金银饰漆器就设立了三工官,岁费五千万钱,耗去大量人力物力。西汉恒宽所著《盐铁论》中记有:

图1-6 漆鼎和漆圆盒

一九七二年四月在湖南省长沙市马王堆出土

“一杯棬用百人之力,一屏风就万人之功”等语,足见其制作之精美和耗资之巨大。富豪之家竞相使用漆器,《盐铁论,散不足篇》中讲到各种漆器时指出“今富者银口黄耳,金罍玉钟;中者野王贮器,金错蜀杯。”又说:“夫一文(纹)杯得铜杯十。”就是说一件漆杯等于十件铜杯,而金银饰漆器自然更为贵重。足以看出汉代的漆器达到了何等精美的程度。汉代还盛行漆画,《后汉书·五行志》中记有:“延熹(汉桓帝年号)中,京都长者皆著木屐;妇女始嫁,至作漆画五采为系”等记载。

三国、两晋、南北朝(公元185年—581年)的漆器,在汉代已用漆胎采用夹苎制作漆器的基础上,又发明用夹苎造佛像(夹苎造像或称干漆造像,即脱胎像)。先借木骨泥模塑造出底胎,再在外面粘贴麻布几层,布胎上髹漆并且彩绘,等干了以后,除去泥模,就成了中空的泥塑像,即脱胎像。当时已经可以塑造出丈八高的巨型脱胎塑像，如《汉魏六朝百三家集》中记有："梁简文帝为人造丈八夹苎金薄像疏"的论述。当时漆画也有相当高的水平，说明生漆的应用又开拓了崭新的天地。

唐代（公元618年—907年）漆器的装饰法更加多样化了，在战国、两汉金银扣漆的基础上，到唐代发展为"金银平脱"。它的作法是用金银薄片雕成空花纹样（有如剪纸），把它贴在漆胎上，然后涂上几层漆，漆干后细细打磨推光，露出闪闪发光的金银图案，和漆面平托于漆器表面，十分考究。唐代还创造"剔红"技术。《髹饰录》坤集雕镂第十谈道："剔红即雕红漆也。髹层之厚薄，朱色之明暗，雕镂之精粗，亦甚有巧拙。唐制多印板刻，平锦朱色，雕法古拙可赏，复有陷地黄锦者。"即在器物的底胎上涂几十层漆，使它加厚，然后在上面雕刻花纹图案，显出有立体感的图像。同时用蚌壳、玉石装饰在漆面上的螺钿（磨光后的石决明的壳）也相当发展。唐代武则天统治时期（公元658年至704年）还曾用漆作屋瓦，"则天以木为瓦，夹苎漆之"（《新唐书》礼乐三）。

唐代的剔红技术在宋、元时期（十至十四世纪）更为盛行，又称"雕红"，底胎用贵金属。张应文《清秘藏》中说："宋人雕红漆器，宫中所用者多以金属为胎，妙在刀法圆熟，藏锋不露，用朱极鲜，漆极坚厚而无敲裂，所刻山水、楼阁、人物，皆俨若图画为佳绝耳"。这类器物至今仍有传世，确实名不虚传。

宋代还把漆用在服饰上，如漆幞头（类似帽子）。《宋史·舆服志》中曾记载有其制作方法："其初以藤织草巾子为里，纱为表，而涂以漆，后惟以漆为坚，去其藤里"。1975年7月在江苏省镇江金坛县发现的南宋周瑀墓中，出土有漆纱幞一件，与史书记载大体相仿①。

元代以浙江嘉兴的张成、杨茂二家所制雕红最闻名，据康熙二十四年《嘉兴府志》中记载："元时张成与同里杨茂，俱善漆剔红器。永乐中，琉球购得以献于朝，成祖闻而召之，时二人已殁，其子德刚（即张成的儿子张德刚）能继父业，随召至京面试，称旨，即授营缮所副，复其家"。现

① 《考古学报》975年第1期，心金坛南宋周

在陈列在“故宫博物院”元代艺术综合陈列室里的两件元代雕漆，就是他二人所造，可以反映出元代雕漆的特点①。元代浙江嘉兴的彭君宝又以“创金”著称。所谓创金是填漆的一种，在漆胎上先刻好花纹图案，再填上金粉，经打磨后成器，和“金银平脱”相比，又别具一格。“螺钿”也是元代供富豪之家享用的高级漆器，除蚌壳外，还饰以各种颜色的珠宝玉石，组成了一幅美丽的图画。

以我国髹漆工艺的发展来说，到了明代漆艺更甚，迈入了一个新的兴盛阶段，尤其在制作方面，增加了很多前所未有的品种。永乐年间(公元1403—1424年)在北京果园厂设立官局制造漆器，由元代著名漆工张成的儿子张德刚等名匠操作，继承了前代的规模，而又有了新的发展。宣德年间(公元1426—1435年)的剔红、填漆技术尤其优美。隆庆年间(公元1567—1572年)，杰出的名漆工黄成的制品，可以和官局果园厂制品比美。《髹饰录》弁言云：“新安黄大成为明隆庆间名匠，《格古要论》及《清秘藏》称其剔红匹敌果园厂，而花果人物刀法以圆活清朗著称”。

黄成(号大成)被誉为“一时名匠，精明古今之髹法”。他写了《髹饰录》一书，这是现仅存的一部我国比较完整的具有总结性的漆工专著。此书在黄大成脱稿之后，又经另一著名漆工，嘉兴西塘的杨明(号仲清)在天启五年(1625年)为它逐条加注，并撰写了序文。专家的著作，又经过专家的注释，使这部书更为难能可贵了。《髹饰录》既然如此重要，但三四百年来却一向流传在日本。据日本人大邨西崖记述，此书并无刻本，仅传的一部抄本，在乾、嘉时代，藏于日本人木村孔恭家。嘉庆九年(1804年，即日本文化元年)为日本“昌平坂学问所”买去，后又经“浅草文库”而归“帝室博物馆”存于日本。日本人寿碌堂主人又引用若干文献材料为《髹饰录》作注解。直到“民国”十五年(1926年)，此书受到朱启钤先生的注意，向日本人大邨西崖要了副本，为其撰写弁言，并在体例上加以整理，才刊印发行②。这就是我国现存的本子。《髹饰录》的内容分

① 《文物参考资料》1956年第10期

② 《文物参考资料》1957年第7期

为乾、坤两集，共 18 章 186 条。计“乾集”2 章 72 条，“坤集”16 章 114 条。可以分为两大类：第 1、2、17、18 章是关于漆器制造方法的；第 3 至 16 章讲漆器分类及所属各类之下的不同品种。有时也因叙述品种而涉及其他人的做法（图 1–7）。

《髹饰录》之所以重要，它使我们认识到中国漆器丰富多彩到什么程度。正如该书序言中所述：今之工法，以唐为古格，以宋元为通法：又出国朝厂工之始，制者殊多，足为新式。于此千文万华，纷然不可胜识矣”。从本书的“坤集”各章，就能认识到这一事实，我国的髹漆工艺发展到明代，真是品种繁多，变化无穷，难怪杨仲清在本书序言中说“千文万华，纷然不可胜识矣”。

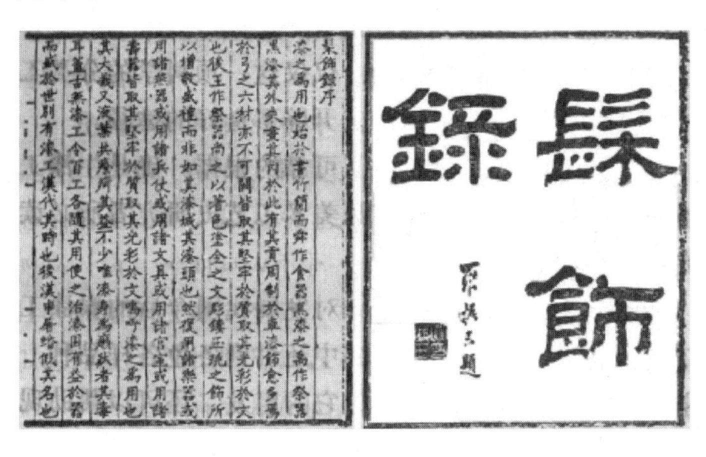
髹飾錄序
漆之爲用也始於書竹簡而舜作食器黑漆之禹作祭器
黑漆其外朱畫其內於此有其貴焉周制於車漆飾愈多焉
於弓之六材亦不可闕皆取其堅牢於質取其光彩於文
也後王作祭器尚之以着色塗金之文彫鏤玉珧之飾所
以增敬盛禮而非如其漆城其漆頭也然復用諸樂器或
用諸兵仗或用諸文具或用諸宮室或用諸
壽器皆取其堅牢於質取其光彩於文嗚呼漆之爲用也
其大哉又液葉共療痾其益不少唯漆身爲癩狀者其毒
耳蓋古無漆工令百工各隨其用使之治漆固有益於器
而盛於世則有漆工漢代其時也後漢申屠蟠假其名也

髹飾錄

图 1–7　《髹饰录》（明代黄大成著）

《髹饰录》为髹漆工艺提出了比较科学的分类。书中所讲到的各种制造方法虽然十分繁杂，但是我们阅读时却并不感到迷乱无章，按照黄大成的分类体系，有次序地叙述各品种，仅仅这一项科学的分类工作，已为我们研究髹漆工艺开辟了良好的途径。

《髹饰录》为漆器的定名提供了可靠的根据。它的确是生漆工作者、文物工作者，尤其是工艺美术史研究者所必读的一部书。

它讲到了漆工的方法，对发展我国今后的髹漆工艺能起到很大的促进作用：书中还讲到各色各样品种，提出相互结合的规律。经过它的启发，还可以帮助现在的髹漆工艺设计师们创造出前所未有的品种。

《髹饰录》中提出了严肃的工作态度。他反对表面华丽而实际上是偷工减料的产品和降低用料的规格及违反制作规程,并要求写上制造者的名字,以示制造者对产品质量的负责,这都表明了实事求是的科学严肃态度。

《髹饰录》中所述各种漆器制造极为详尽,书中记载一件漆器的制作过程,需十八道手续,为了完成这样烦琐的手续,工人必须有简单的协作和分工。黄成写此书的目的,就是为了把他的技术传授给其他工人。

清代以来基本上承袭了明代的技术。嘉庆、道光年间(公元十九世纪上半叶),扬州漆工卢葵生和他的作品是有代表性的,所制镶嵌、雕刻、造像等都有传世作品。

我国漆器和髹漆技术很早就流传到国外。朝鲜、蒙古、日本、缅甸、印度、孟加拉国、柬埔寨、泰国等东南亚国家,以及中亚、西亚各国,都在很早以前的汉、唐、宋时期从我国传入了漆器和油漆技术,并且分别组织了漆器生产,构成亚洲各国一门独特的手工艺行业。汉代四川广汉郡官漆作坊生产的纪年铭漆器在朝鲜北部有大量出土,蒙古的诺因乌拉古墓群也出土不少汉代纪年铭金铜扣漆器,也是蜀郡漆工所造。日本“正仓院”至今还收藏着唐代泥金绘漆、金银平脱等。

我国漆器经波斯人、阿拉伯人和中亚人再向西传到欧洲一些国家。在新航路发现以后,中国和欧洲间直接交往,又通过葡萄牙人、荷兰人等不断把我国漆器贩运到欧洲,受到欧洲社会上的欢迎。十七、十八世纪以来欧洲各国仿制我国漆器成功。当时法国的罗贝尔·马丁一家的漆器闻名于欧洲大陆。以后德国、意大利等国的漆业相继兴起。最初的制品风格仍旧脱胎于我国,就是欧洲人所谓中欧混合体的“罗柯柯”艺术风格。像瓷器一样,世界各国的漆器也受惠于我们祖先的发明①。

① 《中国古代科技成就》中国青年出版社。

中国古代的漆化学

漆器的制造，是我国古代劳动人民在化学工艺方面的重要发明。前已述，远在四千多年前的虞夏时代，我国就有把生漆用作为食器、祭器的记载了。《说苑》中所提及的“漆其外而朱画其内”，正是彩漆工艺的开端。我国古代制造漆器的时候，常常在漆里掺入桐油等干性植物油。在制造彩色漆器的时候，也用桐油和各种颜料或染料配成油彩加绘各种花纹图案，而形成我国具有独特民族风格的漆器工艺。从技术上来判断，战国时期一些漆器显然是用桐油加各色颜料配成的油彩来绘饰各种纤细花纹图案的。油彩漆膜的光亮度比单纯漆膜的亮度大，但抗老化性不及漆。生漆的产量比桐油低，成本比桐油高。把桐油作为稀释剂混入漆中，既可改善性能，又可降低成本。把油和漆混合使用，还可取长补短，使物尽其用。

战国漆器彩绘中包括红、黄、蓝、白、黑五色和各种复色，所用颜料大概是朱砂、石黄、雄黄、雌黄、红土、白土等矿物性颜料和蓝靛等植物性染料。

桐油是我国特产，应用最早的是干性植物油，它是从油桐树种子中榨取的，主要成分是 α—桐油酸 $CH_3(CH_2)_3$，$CH=CHCH=CHCH=CH(CH_2)_7COOH$，由于 α—桐油酸是含有共轭双键的三烯，碘值为 160～180，在油类中干燥性最快，所得皮膜光亮，抗水等性能优良。

漆酚是生漆中的主要成分，它是邻苯二酚衍生物的混合物，分子中具有不饱和程度不同的 15 个碳原子或 17 个碳原子的长侧链，其中三烯漆酚占漆酚总量的 90%以上。

OH

OH

$(CH_2)_7$ CH=CH CH_2CH=CH CH=CH CH_3

生漆所以用作天然涂料,主要是由于生漆中的三烯漆酚具有独特的共轭双键结构,与干性油的性质相似的缘故。尽管漆器制造所依据的化学原理只是在20世纪才最终弄清,然而我国古代劳动人民早就认识了生漆和桐油成膜的性能和成膜的条件,并把两者混合使用,这在化学技术史上也是一个卓越的贡献。

秦汉时期油漆技术进入新的发展阶段,并且遍及全国各地区,对生漆的物理化学性质有了进一步的认识,如《史记·滑稽列传》中更有关于"荫室"的记载:"二世立,又欲漆其城,优旃曰:'善。主上虽无言,臣固将请之。漆城虽于百姓愁费,然佳哉!漆城荡荡,寇来不能上。即欲就之,易为漆耳,顾难为荫室。'于是二世笑之,以其故止。"上文的大意是:秦二世就位后,为防外国侵略,想用生漆将城墙外壁漆一遍,名叫漆城。当时有一位名叫优旃(秦倡侏儒也,多辩,常以谈笑讽谏)的乐人对他说,这是一个好办法,"漆城荡荡,寇来不能上",但困难的是,无法给城墙作"荫室"。于是二世笑了,以后再未提及此事。"荫室"是生产漆器的专用房间。器物上漆之后,须放在潮湿而温暖的条件下,才容易干燥成膜,又切忌有灰尘,以免沾污漆膜表面,所以荫室是合乎以上条件的一种设备。近代研究已知,漆酚在漆酶的催化作用下,氧化聚合成膜的过程中,需要在一定的温度(20~40℃)和一定的相对湿度(70%~80%)下,干燥最快,干后又不易裂纹。因此,古代关于荫室的设置是有其化学根据的。明代著名的医药学家李时珍在他的《本草纲目》巨著中也写道:生漆"在燥热及霜冷时则难干,得阴湿,虽寒月亦易干,亦物之性也。"揭示了生漆的本质。我国古代还发现了用蛋清和密陀僧(氧化铅)或土子(含二氧化锰)分别作为生漆和桐油高聚物成膜的催干剂。

古代关于生漆污染于衣物上除去其痕迹的方法也是很高明且富有化学趣味的。

《游宦纪闻》记载:"凡衣帛为漆所污,即以麻油先渍洗透,令漆去尽,即以水溶开,少著水令浓,以洗麻油,顷刻可尽。"

《农政全书》记载:“治漆衣,用油洗。或以温汤略摆过。细嚼杏仁接洗,又摆之,无迹。或先以麻油洗去。用皂角洗之。亦妙。”

上述文字说明,古代对生漆的物理化学性质已有了较深入的认识。

关于生漆干燥成为漆膜后的性质,古籍中也有描述。

《酉阳杂俎》中写道:“万物无不可化者,唯淤泥中朱漆筋及发,药力不能化。”

《三农纪》中也记有:“滴漆入土,千年不坏。”

说明生漆干燥成膜后具有优良的物理化学性能,它的耐久性和防腐蚀性很强,而且又耐水、耐热、耐土壤腐蚀和耐磨,真不愧为“涂料之王”。从近年来出土的大量漆器表明,它们埋入土中达两三千年之久,出土后仍光耀夺目,艳丽如新,这是最有力的实验数据。

英国著名科学史家兼汉学家李约瑟(Joseph Needham)于1959年发表了一篇关于我国古代炼丹实践的文章:“中国古代关于水溶液的一种早期炼丹文献”(An Early Mediaeval Chinese Alchemical Text on Agueous Solutions.)[①]文中谈到生漆漆液的奇异现象(生漆的稳定乳状液与永在的青春)。他认为,生漆可以说是人类所知最古的工业塑料,漆器制造的化学原理也是很有趣的。灰白色乳汁状的生漆从漆树上流出,收集在容器中,渐渐分成几个性质不同的层次。如将它密闭放在完全黑暗低温之处,几乎可以毫无变化地保存许多年。但是一旦暴露在空气中和日光下,就会逐渐变成巧克力糖般的棕色体,最后成为一种黑色坚硬的东西,且具有极强的抵抗力。生漆凝固后几乎不能被强酸所侵蚀,不溶于一般溶剂中,对细菌侵害有极强的抵抗力,可耐热至400~500℃,电绝缘性与

① 此文原载英国《Ambix》杂志(第七卷第三期)王奎克节译

云母相比只差十倍,这在植物性产品中是很特殊的。这就是几千年来中国漆器工业的主要原料,人们先用各种颜料以及金、银粉之类和它调在一起,然后再用各种方法加以雕镂和处理制成各类精美的漆器。

漆液的75%是磷苯二酚衍生物,如漆酚(urushiol)和虫漆酚(laccol)等。

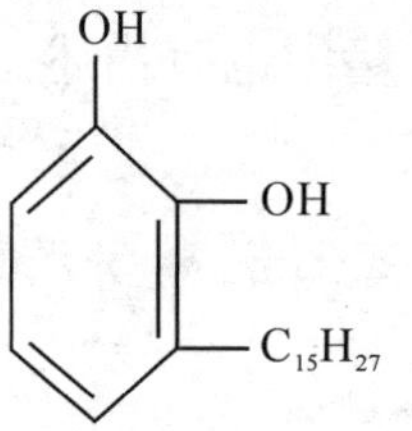

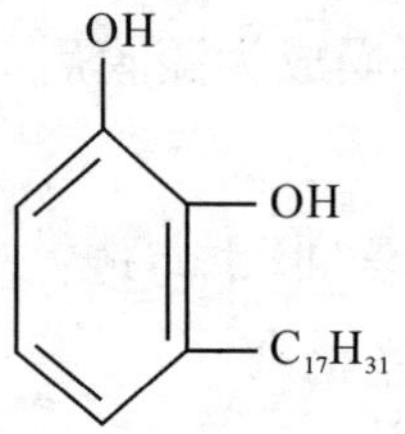

这些物质的分子具有带两个羟基的苯环和一个至少包括一两个双键的长侧链烷烃。漆氧化酶(laccase)是生漆中的氧化剂和聚合剂。1894年伯特兰德(Gabriel Bertrand)发现漆酶,是酶化学发展史上的一个里程碑。如从它们广泛的生物学意义来看,就更加有趣了。首先,虫漆酚(laccol)和栎叶毒漆、毒常春藤(如 lobinol)的有效成分有密切关系,它们对人体也有毒性。其次,漆酶(laccase)作为一种苯二酚氧化酶,和很多酚氧化酶有密切关系,后者不仅在植物组织变黑时,而且在一切昆虫的外骨骼或表皮由于蛋白质的变性和黑素(melanin)的作用而变黑时,都起着重要作用。各种作用相似的多酚以及它们的各种氧化酶,在无脊椎动物中真是分布太广了。此外,由酪氨酸酶作用于酪氨酸而形成原始黑、棕色素的过程,在较高级的动物中也有相似的发展。因此,虽然在工业上看来生漆的化学过程具有突出的重要性,但也不过是像动植物生活本身那样的普遍情况中的一个特例罢了。

李约瑟(Joseph Needham)说:"整个化学最重要的根源之一(即使不是唯一重要的根源),是地地道道从中国传出去的。"这话说得不错,我们中华民族在漆化学这个领域内,同其他科学技术领域一样,是曾经为人类作出伟大贡献的。

漆树药用的独特贡献

我国古代医学文献浩如烟海，它是我国人民长期同疾病做斗争的经验总结，其中有关漆树药用的知识，也是我国优秀遗产的组成部分。

我国明代医药学家李时珍，在《本草纲目》这部巨著中也详细记载有漆树各部分入药的加工炮制方法、药物的性质、疗效及各种外用和内服方剂等，具有独特的内容。

一、干漆

〔修治〕〔大明曰〕干漆入药。须捣碎炒熟、不尔损人肠胃。若是湿漆。煎干更好。亦有烧存性者。

〔气味〕辛温无毒［权曰］辛咸〔宗奭曰〕苦［元素曰］辛平有毒。

〔主治〕绝伤补中，续筋骨，填髓脑，安五脏，五缓六急，风寒湿痹。生漆，去长虫。久服轻身耐老《本经》。干漆，疗咳嗽，消瘀血，痞结腰痛。女子疝瘕。利小肠。去蛔虫《别录》。杀三虫。主女人经脉不通《药性论》。治传尸劳，除风《大明》。削年深坚结之积滞，破日久凝结之瘀血《元素》。

〔发明〕〔宏景曰〕仙方，用蟹消漆为水，炼服长生。抱朴子云：淳漆不沾者，服之令人通神长生，或以大无肠公子，饵之法，云大蟹，十枚投其中，或以云母水，或以玉水合服之，九虫悉下，恶血从鼻出，服至一年六甲行厨至也。（震亨曰）漆属金，有水与火，性急而飞补。用为去积滞之药中节。则积滞去后，补性内行，人不知也。〔时珍曰〕漆，性毒而杀虫，降而行血，所主诸证虽繁，其功只在二者而已。

〔附方〕旧四，新七。小儿虫病：胃寒危恶证与痫相似者。干漆捣烧烟尽、白芜荑等分，为末。米饮服一字至一钱。《杜壬方》。九种心痛：及腹胁积聚滞气。筒内干漆一两，捣炒烟尽，研末，醋煮面糊丸梧子大。每服五丸至九丸。热酒下。《简要济众》女人血气：妇人不曾生长，血气疼痛不可忍,及治丈夫疝气,小肠气撮痛者,并宜服二圣丸。湿漆一两。熬一食顷,入干漆末一两,和丸梧子大。每服三四丸,温酒下。怕漆人不可服。《经验方》。女人经闭《指南方》。万应丸:治女人月经瘀闭不来,绕脐寒疝痛彻及产后血气不调,诸癥瘕等病。用干漆一两,打碎,炒烟尽,牛膝末一两,以生地黄汁一升,入银、石器中慢熬,俟可丸,丸如梧子大,每服一丸,加至三五丸,酒、饮任下,以通为度。《产宝方》:治女人月经不利,血气上攻,欲呕,不得睡。用当归四钱,干漆三钱,炒烟尽,为末,炼蜜丸梧子大,每服十五丸,空心温酒下。《千金》:治女人月水不通,脐下坚如杯,时发热往来,下痢羸瘦,此为血瘕。若生肉症,不可治也,干漆一斤烧研,生地黄二十斤,取汁和,煎至可丸,丸梧子大,每服三丸,空心酒下。产后青肿疼痛及血气水疾:干漆、大麦芽等分,为末,新瓦罐相间铺满,盐泥固济,锻赤,放冷研散。每服一二钱,热酒下,但是产后诸疾皆可服《妇人经验方》。五劳七伤补益方:用干漆柏子仁山茱萸酸枣仁各等分,为末,蜜丸梧子大,每服二七丸,温酒下,日二服,千金方喉痹欲绝不可针药者,干漆烧烟,以筒吸之。圣济总录解中蛊毒平胃散末,以生漆和丸梧子大,每空心温酒下七十丸至百丸。直指方下部生疮生漆涂之良(肘后方)。

二、漆叶

〔气味〕缺〔主治〕五尸劳疾。杀虫。暴干研末。日用酒服一钱七(时珍)。

〔发明〕[颂曰]华佗传。载彭城樊阿。少师事佗。佗授以漆叶青黏散方。云服之去三虫利五脏,轻身益气,使人头不白。阿从其言,年五百余岁。漆叶所在有之,青黏生丰沛彭城及朝歌,一名地节,一名黄芝。主理五脏益精气,本出于迷人入山。见仙人服之以告陀。陀以为佳。语阿。阿秘之。近者人见阿之寿,而气力强盛,问之。因醉误说。人服多验。后无复人识青黏。或云即黄精之正叶者也。[时珍曰]按葛洪抱朴子云。漆叶青黏。凡薮之草也。樊阿服之得寿二百岁。而耳目聪明。犹能持针治病。此近代之实事。良史所记注者也。洪说犹近于理。前言可年五百岁者。误也。或云青黏即葳蕤。

三、漆籽

(主治)下血[时珍]。

四、漆花

[主治]小儿解颅。腹胀。交胫不行方中用之,下血[时珍]。

五、漆器纲目

〔主治〕产后血运。烧烟熏之即苏。又杀诸虫,下血[时珍]。

〔附方〕新三血崩不止漆器灰梭灰各一钱,柏叶煎汤下,集简方白秃头疮破朱红漆器。剥取漆朱烧灰。油调傅之。救急方:蝎虿螫伤漆木碗合螫处。神验不传〈古今录验方〉。

上述记载表明,李时珍在漆树药用方面,认真总结了前人的经验,广泛收集有效方药(包括他个人在临床实践中创用的效方),为保护人民的健康做出了不可磨灭的贡献。他在治病过程中,还积累和总结了对药物的"炮制"加工方法,"炮制"是有些药用植物不可缺少的一个环节,它的目的是消除毒性,增强药效,改变性能,便于服用。例如干漆这种药,有较大毒性,不经炮制加工,服用易中毒。入药前应根据不同情况需捣碎炒熟或煅烧烟尽、醋煮等加工后才能服用,这些都是独具一格的。

文中叙述,我国东汉著名医学家华佗的长寿方——"漆叶青黏散",其药物组成虽已失传,但在古代医学史上留下了光辉的篇章。

漆毒防治的成就

对于漆毒的防治，古代医学家和劳动人民在长期的生产实践中积累了一定的经验。早在公元六一〇年，我国杰出的医学家隋代的巢元方，对漆毒已有较深的研究和论述，如他在《诸病源候论》漆疟候篇中讲道："漆有毒。人有禀性畏漆。但见漆便中其毒。喜面痒。然后胸臂胜踹皆悉瘙痒。面为起肿。绕眼微赤。诸所痒处，以手搔之，随手辇展，起赤痦瘰。痦瘰消已。生细粒疮甚微。有中毒轻者，证候如此。其有重者。遍身作疮。小者如麻豆。大者如枣杏。脓焮疼痛。摘破小定或小瘥。随次更生。若火烧漆。其毒气则厉。著人急重。亦有性自耐者。"。"禀性畏漆。支毛腠理不密。腠理开邪气入。邪气入则病作。"

上述论述对漆毒的病因、发病规律及病状等作了分析，为后来的漆毒防治工作提供了宝贵的经验。

李时珍在《本草纲目》中，对漆毒的防治又做了进一步的总结和发展。……[之才曰]半夏为之使。畏鸡子。忌油脂。[宏景曰]生漆毒烈。人以鸡子和服之。去虫。……畏漆人乃致死者。外气亦能使身肉疮肿。[大明曰]毒发饮铁浆并黄栌汁甘豆汤。吃蟹并可制之。[时珍日]今人货漆多杂桐油。故多毒。……相感志云。漆得蟹而成水。盖物性相制也。凡人畏漆者。嚼蜀椒涂口鼻。则可免。生漆疮者。杉木汤。紫苏汤。漆姑草汤。蟹汤浴之。皆良。

关于蟹对漆的作用的记载，在我国古代文献中是常见的。最古的资料大概是《淮南子》(约公元前 120 年)的记载，说蟹能破坏漆，使漆不干，因而不能再用。张华《博物志》(约 290 年)中说，蟹与漆相混合是"神仙服食方"。稍后的葛洪不止一次说到这个方子。《抱朴子》中讲到蟹与漆的原话是：

“淳漆不沾者，服之令人通神长生。饵之法，或以大无肠公子（或云大蟹）十枚投其中，或以云母水，或以玉水合，服之。九虫悉下，恶血从鼻去。”

宋代的文献也不少，傅肱的《蟹谱》引用陶弘景（五世纪）的话：

“仙方，投蟹于漆中，化为水，饮之长生。”

大诗人苏东坡两次提到这个现象。他在《物类相感志》（约1080年）里说，起作用的是“蟹膏”：苏颂在《本草图经》（1070年）里提到“蟹黄”的功效。蟹黄可能是卵，但苏东坡所说的似乎是肝脾。苏东坡的另一著作《格物粗谈》卷1，说把蟹身上的东西和“湿”（未凝固的）漆相混，结果漆就会长期保持液体状态。十二世纪后的其他宋代文献，如李石的《续博物志》，只是简单地说“漆得蟹而散”罢了。

生漆能引起一种有名的过敏性反应，使人皮肤肿痛发炎。因此，人们求助于蟹，用它的组织作为治病的药，是毫不足怪的。李时珍在《本草纲目》卷35中，把加了几味草药的蟹汁或蟹糊列为解毒剂。他用宋朝洪迈（1123—1202）《夷坚志》中所载的一个故事说明这种解毒剂的疗效，故事说，有个被漆弄瞎了眼的贼，由于用了蟹糊而得治愈。

那么，蟹的组织究竟起什么作用？著名英国科学史家李约瑟在前述一文中论述道：“无可置疑，在公元前二世纪以前，中国人曾经偶然发现一种强力的漆酶阻化剂。阻止了漆酶的作用，自然也就阻止了漆汁颜色的变深，阻止了生漆的聚合作用（氧化成膜作用）。这种对自然进程的重大干涉，跟阻止人体自然出现僵硬、衰老现象的过程情况很相似，从脑中装满延年益寿、永驻青春之类的想法的炼丹家们看来，当然意义是重大的。当然这并不是甲壳类动物组织的唯一作用，新近的研究表明，它们含有一种效力强大的神秘阻化剂，能抑制右旋氨基酸氧化酶的作用。因此，只要生漆还没有完全凝固，蟹的组织的上述疗效是可以理解的；不过据想象,生漆对皮肤所起的毒性作用大约来自漆酚本身,与漆酶等无关。也许有人相信云母和玉的粉末,漆的胶状溶液可能受到微粒所带电荷的影响,这可能恰好阻止了漆酶与下一层的接触,抑制了漆酶的活性。”

我国古代对于漆毒的防治经验,至今还在民间广为应用并不断发展。如在接触生漆或漆树之前,可用下述方法进行预防:

一、口服:

(1)螃蟹焙干研细末,每次 15 g,温开水冲服。

(2)干漆渣研细末,每次 6 g,温开水冲服。

(3)核桃树枝适量,煮鸡蛋吃。

(4)灵仙 9 g　荆芥 9 g　防风 9 g　皂角刺 9 g　苏子 9 g
菊花 9 g　蝉衣 9 g　苦参 9 g　首乌 9 g　麻仁 12 g

(5)荆芥 9 g　薄荷 9 g　麻黄 6 g　桔梗 6 g　赤芍 6 g
黄芩 6 g　当归 6 g　栀子 6 g　川芎 6 g　炙大黄 6 g
防风 6 g　石膏 6 g　滑石 12 g　甘草 6 g

二、外用:

(1)韭菜根、螃蟹适量,捣碎用菜油浸泡。每日早上擦皮肤。

(2)花椒研细末,涂抹鼻孔数次。

(3)螃蟹粉适量,用菜油浸泡,擦皮肤暴露部分。

(4)苦瓜叶适量,捣碎,涂抹皮肤。

(5)用植物油(菜油、漆籽油等)或甘油、凡士林等涂擦面部和双手。

(6)芭蕉茎、叶汁擦皮肤暴露部位。

(7)开水溶化食盐(适量)凉冷后擦洗全身。

如已中漆毒,中医认为是由于生漆有一种辛热之邪气,乘人体腠密不固而侵入,这是早期过敏发痒的原因。而红肿、糜烂,则是辛热之邪气善行走易成风之结果。故中医治疗生漆致毒以清热解毒为主,辅以祛风利湿。

如不小心皮肤黏附上生漆，应立即用植物油、白酒或煤油擦净，然后用肥皂水洗除。清洗后仍有过敏反应症状或未直接接触生漆而产生的过敏症状，视其症状轻重，分别用下述方法进行治疗：

中漆毒后出现斑疹瘙痒时，切忌用手抓，可用枇杷树叶熬水洗患处，或用韭菜汁调食用植物油涂擦；或用杀鸡时的烫鸡水擦洗全身。

经上述治疗不愈，且病状日益发展者，可用下列处方：

内服方

基础方：

蝉衣 15 g　勾藤 30 g　升麻 9 g　黄芩 9 g　蒲公英 30 g
连翘 30 g　红花 9 g　赤芍 9 g　元参 30 g　赤豆 15 g
石膏 60 g　二花 30 g　薏米 15 g　千里光 30 g
黄柏 9 g　水煎服，早晚各一次。

治奇痒难忍，肿势扩散方：

蝉衣 15 g　勾藤 30 g　升麻 9 g　黄芩 9 g　二花 30 g
连翘 30 g　公英 30 g　黄柏 9 g　赤芍 9 g　红花 9 g
千里光 30 g　水煎服，早晚各一次。

治红肿、疱疹流水、口渴、心烦、尿黄方：

二花 30 g　黄芪 30 g　鸡内金 15 g　首乌 15 g
赤芍 9 g　黄芩 6 g　黄柏 6 g　元参 30 g
薏米 9 g　蒲公英 12 g　连翘 12 g　水煎服，早晚各一次。

治溃烂流水，延绵不愈方：

党参 30 g　黄芪 30 g　鸡内金 9 g　首乌 15 g
赤芍 9 g　黄芩 6 g　黄柏 6 g　元参 30 g　薏米 9 g
蒲公英 12 g　银花 12 g　连翘 12 g　水煎服，早晚各一次。

以上各方均应忌酒、辛热、腥荤及刺激性食物。

外用方

凡溃烂流水，延绵不愈者，可用下列药物外敷：

(1)鲜螃蟹适量，捣碎，调菜油敷患处。

(2)苦瓜叶适量,捣碎挤汁,用菜油调匀,涂患处。

(3)杏仁适量,捣碎,加菜油调匀,涂患处。

(4)毛栗树嫩芽、银杏树叶,适量,熬水,凉洗患处。

(5)猫屎瓜适量,取汁,擦患处。

(6)雄黄 9 g、螃蟹(焙干)9 g、石膏 60 g 研末,撒患处。

(7)核桃仁适量,捣碎,敷患处。

我国古代关于漆毒防治的科学实验,为我国和东南亚等产漆国家积累了宝贵的经验,它在医学中也是一种独特的、非常有价值的医疗技术。

中篇

中国漆树研究

中国生漆历史资料

引　言

我国古代史籍中，关于生漆的记载很多，但多零星散见，没有经过系统整理。1975年以来，我们初步整理了部分古籍资料。

根据许慎说文："漆本作'桼'，其字像汁自木出而滴下之形也"。我们推测，可能在象形文字出现以前，也就是大约远在四千多年前，我国劳动人民就已经掌握了漆树的栽植、经营、采割和利用技术；并且也已广泛应用生漆作为保护和装饰建筑物以及生活用具的天然涂料。例如远在舜禹时代（约公元前22世纪）就用生漆涂饰食具和祭器，西周时（公元前11世纪—前771年）用生漆涂饰车辆，并征收过漆林税（见周礼）。以后我国历代劳动人民更发挥了无穷智慧，积累了丰富的历史资料。

一、关于漆树的形态

1. 本草

注曰：漆树高二三丈，皮白，叶似椿，花似槐。

2. 三农纪

（漆）树似榎（即朴树，榆科），身似柿，皮叶如椿，花若槐，实若牛李（即鼠李子），其木肌白心黄。

二、关于漆树的生长习性

诗经唐风

山有枢（其针刺如枥，叶如榆）、山有漆、隰有栗。（隰：低湿之地）

三、关于漆树的分布

1. 书经　夏书禹贡

兖州（今山东兖州）厥贡漆丝。

豫州(今河南省)厥贡漆、枲(一种麻)、絺、纻(一种麻)(有子曰枲,无子曰苴)。

2. 山海经 北山经

虢山(今河南卢氏县东北)其上多漆。

京山(今湖北省京山县)多漆木。

中山经

熊耳之山(在今河南省卢氏县西南,陕西洛南县东南)其上多漆。

翼望之山(今河南省内乡县)其下多漆、梓。

3. 本草纲目集解

别录:乾漆生汉中山谷,夏至后采收之。

陶弘景:今梁州(陕西汉中)漆最甚、益州(四川)亦有,广州漆性急,易燥。

韩保升:漆树金州(陕西安康)者最善。

李时珍:漆树人多种之,以金州者为佳,故世称金漆。

4. 南越志

绥穹白水(今两广一带),山多漆树。

5. 晋书凉武昭王传

河右(今甘肃武威一带)不生楸、槐、柏、漆,张骏之世取于秦陇而植之,终于皆死。

四、关于漆树的栽培

1. 诗经 鄘风

定之方中,作于楚宫,揆之以日,作于楚室,树之榛栗,椅、桐、梓、漆。

〔尔雅〕营室谓之定,营室星名,即室宿也,在二十八宿之中为北方玄武七宿之一,共有二星,农历十月黄昏时,在南方之正见之,于是时可以营造宫室,故谓之营室。楚宫即楚邱之宫也,揆,度也,树八尺之景,而度其日出之景以定东西,又参日中之景,以正南北。楚室犹楚宫。

2. 徐光启农政全书

种漆 春分前移栽易成,有利;一云腊月种。

3. 四民月令

崔实曰：

正月自溯(旧历初一)暨晦(旧历月尽)，可移诸树，竹、漆、桐、梓、桧、柏，杂木。

五、关于漆树的经营

1. 周礼

载师掌任土之法，近郊十一，远郊二十而三，甸、县都(井田制：四邱为甸、四甸为县、四县为都，四都为同。)皆无过十二，惟漆林之征，二十而五。以时征其赋。贾氏曰，漆林之税特重，以其非人力所能作。

2. 庄子传

庄子者，蒙(即中牟，今河北邯郸附近，非今河南中牟)人也，名周，周尝为蒙漆园吏。

3. 续述征记

古之漆园在中牟(同上注释)今犹有漆树也，梁王时，庄周为漆园吏，即斯地。

六、关于漆液的采割

1. 三农纪

(清)野生者树大、汁多，植者木至碗大方割，至秋霜降时。用利刀旋皮勿断，须留勚路，若割断则木枯。收时先放木水，然后以竹管插入皮中，纳其汁液，须晒干至水收用。

2. 尔雅翼

六、七月间，以斧斫其皮开。以竹管盛之，液滴则为漆。

3. 古今注

六月中，以刚斧斫树皮开，以竹管承之，汁滴管中，则成漆，一云取于霜降后(疑是前字之误)者更良。

4. 南越志

刻漆常上树端，鸡鸣日出之始，便刻之，则有所得，过此时，阴气沦，阳气升,则无所获也。

5. 花镜

液若不取,多自毙。

七、关于漆的性质

1. 本草纲目　集解

尔其湿者在燥热及霜冷时则难乾,得阴湿,虽寒月亦易乾,物之性也。

2. 三农纪

(漆)汁入土千年不坏,又有人听之身痒,见之目肿,近之发疹,异乎其浆也。

3. 酉阳杂俎

万物无不可化者,唯淤泥中朱漆筋及发,药物不能化。

八、关于生漆的检验

1. 三农纪

山民云,识者须以物蘸起,细而不断,断而急收,更涂于竹板上,阴之,速干者佳。诀云:微扇光如镜,悬丝急若钩,撼成琥珀色,打若有浮沤(浮沤,水泡,浮渣)。

2. 本草纲目　集解

韩保升曰,上等清漆,色黑如瑿,若铁石者好,黄嫩若蜂窠者不佳。

九、关于漆的利用

1. 尔雅翼

漆木质可以髹(音休)物。

2. 说苑

尧释天下,舜受之,作为食器,斩木而裁之,销铜铁,修其刃,犹漆黑之以为器,诸侯侈国之不服者十有三。

3. 庄子

桂可食，故伐之，漆可用，故割之。

4. 药用

（1）生漆：

本草纲目集解

寇宗奭（音葵）曰，湿漆，药中未见用，凡用者，皆乾漆耳。

大明曰，乾漆入药，须捣碎炒熟，不尔损人肠胃。若是湿漆，煎乾更好，亦有烧存性者。

陶弘景曰，生漆毒烈，人以鸡子和服之，去虫。

［本经］曰，绝伤补中，续筋骨，填髓脑，安五脏，五缓六急，风寒湿痹，生漆去长虫，久服轻身耐老。

［别录］曰，乾漆疗咳嗽，消淤血，痞结，腰痛、女子疝瘕，利小肠，去蛔虫。

甄权曰，杀三虫，主治女人经脉不通。

张元素曰，削年深坚结之积滞，破日久凝结之淤血。

陶弘景曰，仙方用蟹消漆为水，炼服长生。《抱朴子》云：淳漆不粘者，服之通神长生。或以大蟹投其中，或以云母水，或以玉水合之服，九虫悉下，恶血从鼻出，服至一年，六甲、行厨至也。

李时珍曰，漆性毒而杀虫，降而行血，所主诸症虽繁，其功只在二者而已。

（2）漆叶：

甲、李时珍曰，五尸劳疾，杀虫，曝干研末，日用酒服一钱匕。

乙、《华佗传》：彭城樊阿皆从佗学，求方可服食益于人者，佗授以漆叶青黏散方，漆叶屑一斗，青黏十四两，以是为率，言久服，去三虫，利五脏，轻体益气，使人头不白。阿从其言，寿百余岁。漆叶处所皆有，青粘生于丰沛、彭城及朝歌间，一名地节，一名黄芝……或云即黄精之正叶者也。

（3）漆子：

李时珍曰，下血。

（4）漆器：

李时珍曰，产后血运，烧烟熏之即苏。又杀诸虫。

(5)脱胎漆器

远在两千年以前,我国已生产脱胎漆器,即用生漆把夏布或绸布,一层层裱在模型上,涂上漆料,阴干后,去掉模型,再经过几十道工序则成。

十、漆树的经济收益

史记:货殖传

陈夏千亩漆,此其人皆与千户侯等。

漆千斗(言满量千斗,即今千桶也),此亦比千乘之家。千乘之家,即千户之君也。

后汉书:

樊宏父重,种梓植漆,欲作器物,时人嗤之。然积以岁月,皆得其用。向之笑者,咸来求假焉,资至巨万。

十一、掺假

1. 三农纪

山农云,漆无足色,割之时已点桐油入内,再货而又点,难以求真。

2. 本草纲目 集解

韩保升曰,漆性并急,凡取时须荏油解破,故淳者难得。

十二、漆疮的防治

1. 本草纲目 集解

陶弘景曰,畏漆人乃致死者,外气亦能使身肉疮肿,又,仙方用蟹解漆。

《淮南子》云:蟹见漆而不致干,又,磁石之引铖,蟹之败漆。

《相思志》云:漆得蟹而成水,盖物性相制也。凡人畏漆者,嚼蜀椒涂口鼻则可免。生漆疮者,杉木汤、紫苏汤、漆枯草汤、蟹汤浴之皆良。

2. 三农纪

受其毒而生疮者,以紫苏汤洗或浴以活蟹汤即解。嚼花椒,涂口鼻可避毒。

3. 制用

毒发饮铁浆，煎黄栌汁，甘草汤，蟹并可制之。因漆气成疮肿者，杉木汤、紫苏汤、漆枯草汤，蟹汤浴之良。又嚼蜀椒，涂口鼻，可避漆气。

4. 朝鲜新义州农民解毒免病方法

早春吃漆树软嫩新芽，井旁栽漆树，常饮其水。

制酱油时，将漆树枝插入其中，鸡蛋中混入少许漆食之。

十三、去漆污

1. 游宫记闻

凡衣帛为漆所污，即以麻油先渍洗透，令漆去尽，即以水胶溶开，少著水令浓，以洗麻油，顷刻可尽。

2. 农政全书　制造

用麻油洗或以温汤略摆过，细嚼杏仁，接洗，又摆之，无迹，先以麻油洗去，用皂角洗之，亦妙。

（本文原载《陕西生漆》1977 第 2 期）

中国漆历史概况

漆树原产中国,是我国重要的特用经济树种,既是天然涂料树和油料树,也是一种用材树。由漆树采割的生漆又名国漆、大漆,是我国著名的特产。栽培漆树,在历史上以我国为最早,已有几千年的历史。我们的祖先在漆树的形态、分布、造林技术、漆液采收、生漆利用、生漆检验方法和漆毒防治等方面,都积累了相当丰富的经验。

据古籍《说文解字附检字》记载:"桼(即漆字)木汁可髹(音休,涂刷的意思)物,象形桼,如水滴而下,凡桼之属皆从桼。"象形文字"桼"字,通俗地解释,即从漆树上采割流下的水汁。

从文献记载来看,我国漆器起源于四千二百多年前的虞夏时代。如《韩非子·十过篇》和《说苑》中记载:"尧释天下,舜受之,作为食器,斩木而裁之……,犹漆黑之以为器。……舜释天下,而禹受之,作为祭器,漆其外而朱画其内。"也就是说,在新石器时代晚期,氏族公社解体到奴隶社会兴起,我国就有了把漆器作为食器、祭器的记载了。

上述记载已经由近年来考古发掘工作所证实。例如,1972 年 11 月,在河北省藁城县台西村出土的商代(公元前 16 世纪——公元前 11 世纪)漆器残片,是现存最古的漆器彩饰。春秋晚期精美的髹漆彩绘的几、案、鼓瑟、戈柄等,都有实物出土。从西周到战国这段时间里,用漆涂饰的车辆、兵器把柄、日用几案、盘以及乐器、棺椁等物都有大量出土。到西汉时期(公元前 206 年—公元 8 年),髹漆业比较发达,《史记·货殖传》记:"木器髹者千枚……,漆千斗,此亦比千乘之家。"足见当时油漆业之兴盛。近年在湖北省江陵县、云梦县、随县以及湖南长沙马王堆等地发掘出距今两千多年的大量漆器。这些漆器,其光泽之鲜艳,制作之精美,充分表现了我国古代劳动人民的卓越智慧。历经唐、宋、元几个朝代,漆工艺不断进步,制作方法不断创新。明清两代,漆工艺更有新的发展。如今北京故宫展出的明清漆器,集中代表了这一时期的发展水平。

我国的漆器和髹漆技术在很早以前的汉、唐、宋时期,就流传到了亚洲许多国家,并组织了漆器生产,构成了亚洲各国一门独特的手工艺行业。

我国漆器经波斯人、阿拉伯人和中亚人再向西传到欧洲一些国家。在新航路发现以后,中国和欧洲间直接交往,我国漆器受到欧洲社会的欢迎。

我国古代的科学家和劳动人民对漆树的形态进行过调查研究。如《尔雅翼》记载:“漆木高二、三丈,叶如椿樗,皮白而心黄。”《本草纲目》记载:“漆树高二、三丈余,皮白,叶似椿,花似槐,其子似牛李子,木心黄。”《三农纪》《群芳谱》等古籍中也有类似记载。说明古人对漆树的形态特征,早已有所认识。漆树叶和椿树叶相似,花序像中国槐为顶生圆锥花序,果实像鼠李子,树皮灰白色,木材外白心黄,与桑木相似。这些记载对漆树的整株作了形象而完整的描述。

我国古代的漆树资源分布很广。据《山海经》记载:“号山(今陕西省佳县)其木多漆椶(棕的繁体字)”,“翼望之山(今河南省内乡县),其下多漆梓”,“熊耳之山(今陕西省洛南县东南,河南省卢氏县西南),其上多漆”,“英鞮之山(今甘肃省西部),上多漆木”。《禹贡》记载:“兖州(古九州之一,今山东省兖州区)厥贡漆丝。”《南越志》记载:“绥宁白水(今广东、广西一带)山多漆树。”《本草纲目》记载:“漆树人多种之,以金州(今陕西省安康地区)者为佳,故世称金漆。”《汉书》记载:“大宛国(今新疆伊宁一带)其地皆丝漆,不知铸铁器。”从上列古籍记载可见,古代对漆树的分布有较详细的调查记载,而漆树的分布遍及我国西北、西南、华中、华南等省。我国著名的明代自然科学家李时珍,对金州(今陕西安康)所产生漆,曾给予很高的评价。

远在春秋时期(公元前 8—5 世纪),我国已重视漆树的栽培。《诗经・国风》中有“山有漆,隰有栗”等诗句。《史记・货殖传》记载:“陈夏千亩漆,……此其人皆与千户侯等。”陈、夏,在今河南省境内,当时种植千亩漆,其人每年收入与千户侯一样多。可见,在西汉时代人们已经从事大面积漆树造林,并能从漆树经营中得到巨额收入。

关于漆树栽培的季节,《本草纲目》记载:“漆树人多种之,春分之前栽培易成,有利。”《农政全书》也有类似记载。说明古代较重视春季造林。

我国古代对漆树的经营管理是十分重视的,远在战国时代已设有掌管漆林的官吏,并有征收漆林税的制度。据《周礼》记载:“载师掌任土之法,……国宅无征,园廛二十而一,近郊十一,远郊二十而三,甸稍县都皆无过十二,惟其漆林之征二十而五。”从当时的税收制度看,漆林税最重,二十中抽五,较其他税收均高。《庄子传》记载:“庄子者,蒙人也。名周,周尝为蒙漆园吏。”庄周系战国楚蒙人,是我国著名的古代哲学家,曾任掌管漆园的官吏。

生漆的采割技术,古代文献记载颇多。《本草纲目》:“漆树高二、三丈余,六、七月刻取滋汁”。《三农纪》:漆“木至盈大方割”。说明了当漆树生长到二、三丈高,直径到碗口大(六、七寸)时,才可开始割漆,否则会影响漆树的生长。而每年开割的季节是在六、七月当漆树生长进入旺盛时期时进行。至于每天割漆最适宜的时间,据《南越志》记载:“刻漆常上树端,鸡鸣日出之始便刻之,则有所得,过此时,阴气沦、阳气升,则无所获也。”这里科学地说明了伤流与蒸腾强度之间的关系。当日出之前,蒸腾强度最低时,伤流最旺盛正是割漆的好时间,过了这个时间,太阳高升,蒸腾作用强烈,割不出多少漆。至今,有经验的漆农都懂得祖先所传给的必须在黎明前上山割漆的方法。

在割漆方法上,我国古代也积累了很丰富的经验。《三农纪》记载:“用利刀旋皮勿断,须留勫路,若割断则木枯。收时先放木水,然后以竹管插入皮中,纳其汁液,须晒干生水,收用。”《齐民四术》:“于七月以斧斫其皮侵肉,开二分许阔,……开口大如新月,以蚌承之。每取讫,复插入,以汁枯为度……”

从已查到的古籍中可见,古代割漆技术是逐步发展的,公元前3世纪

《庄子》中仅说到割漆，“漆有用，故割之”。公元后3世纪晋代崔豹的《古今注》里则记述了割漆和收漆的工具。到10世纪《蜀本草》的记载中，指出割漆的适宜季节；到18世纪《三农纪》中指出割漆要留营养带（骱路），否则树必枯死，这些都是十分科学的。至19世纪《齐民四术》记载，割口的形状为新月形等。以上史料反映了我国劳动人民在生产实践中对于割漆技术不断改进和提高的过程。

由于古代劳动人民对生漆物理化学性质的逐步认识，生漆质量的检验技术也随着不断提高。《本草纲目》记载：“漆桶中自然干者，状如蜂房，孔孔隔者为佳。”“上等清漆，色黑如瑿，若铁石者好，黄嫩若蜂窠者，不佳。”说明古代早已了解从漆桶中漆膜的结构来判断生漆质量的优劣。质量好的生漆，漆膜的结构是皱纹细致、排列规则，分布整齐、均匀，形状像蜂房。凡颜色深黑鲜丽如黑玉石的为上等，若为黄色蜂窝状的则为次等。

在长期的生产实践中，我国古代劳动人民积累了丰富的生漆加工和检验技术的经验。五代时的朱遵度为了总结历代漆工的经验，写出《漆经》一书，是最早的漆工专著。可惜，这样一本重要的书竟没有流传下来。但是，古代漆工所总结的著名验漆口诀一直传播在我国生漆战线，现仍在生产上发挥作用。

《本草纲目》记载：“凡验漆，惟稀者以物蘸起，细而不断，断而急收，更又涂于干竹上，荫之速干者，并佳。”试诀有云：“微扇光如镜。悬丝急似钩，撼成琥珀色，打着有浮沤。”

上述验漆口诀，语言形象而精炼，其中蕴藏着深刻的科学道理，与现在的验漆口诀：“好漆清如油，宝光照人头，摇起虎斑色，提起钓鱼钩”对照相比，基本内容是一致的。

古代鉴别生漆的干燥性能，是将生漆涂在干燥的竹板上，放在阴湿处，干燥速度快者为好漆，干燥慢的为次漆，长久不干燥的漆便失去使用价值。

生漆的检验技术，发展到近代虽正在向现代化过渡，但我国古代劳动人民的这一宝贵经验，不只在我国，甚至在东南亚一些产漆国家也还在沿用，这反映了我国劳动人民的聪明才智。

我国对漆树的综合利用也有悠久的历史。早在公元前8—5世纪，《诗经》记载："椅桐梓漆，爰伐琴瑟"，说明古代早已选用漆木制造古琴等乐器。我国古代著名的药物学家李时珍对漆树的药用也有深入的研究，在他的《本草纲目》一书中记载"干漆入药，须捣碎炒熟，不尔损人肠胃"，又主治"绝伤补中、续筋骨、填髓脑、安五脏、五缓六急，风寒温痹……"。李时珍还研究了漆子可下血，漆花可解小儿腹胀等。《华佗传》中还有"漆叶青粘散"长生不老方的传说。这些都反映了我国古代对漆树各部分的利用早已有所认识。

对于漆毒的防治，古代医学家和劳动人民在长期的生产实践中，也积累了一定的经验。早在公元610年，我国杰出的病理学家隋代巢之元对漆毒已有较深入的研究和论述，在他的《巢氏诸病源候总论》漆疟候篇中，对漆毒的病因、发病规律及病状等做了较详细的记述，为以后的漆毒防治提供了宝贵的经验。明代著名的药物学家李时珍在他的巨著《本草纲目》中，在漆毒防治方面又进一步作了总结并有所发展，如说："漆得蟹而成水，盖物性相制也。凡人畏漆者，嚼蜀椒涂口鼻则可免。生漆疮者，杉木汤、紫苏汤、漆枯草汤、蟹汤浴之皆良。"以后的古籍如《三农纪》等也有类似记载。古代有关漆毒防治的宝贵经验，至今还在民间广为应用。

我国古代在生漆生产和利用方面的成就，为我们提供了丰富的知识和宝贵的经验。因此，它是我国古代重要的一项科学技术成就，是值得我们引以为豪的。

但是一个时期以来，由于国民党的反动统治和日本帝国主义的掠夺，我国漆树资源遭到严重破坏，生漆生产濒于破产的边缘。

新中国成立以后，在党和政府的积极扶持下，我国生漆生产得到了迅速的恢复和发展。特别是近十年来生产发展很快，资源成倍增加，到1978年全国已有漆树四亿一千万株，收购生漆达四万一千五百担，产量超过历史最好水平。

（本文原载《漆树与生漆》北京：农业出版社，1980年4版，第1-7页。）

漆　树

学名：*Rhus vemiciflua* Stokes

别名：大木漆、小木漆（陕西、湖北）、山漆树（福建、湖南、四川）。

科名：漆树科（Anacardiaceae）

图 2-1　漆树

1. 雄花枝；2. 果枝；3. 雄花；4. 花萼；5. 雌花；6. 雌蕊

漆树是我国重要的特用经济树种，既是天然涂料树和油料树，也是一种用材树。由漆树割取的漆液，是我国著名的特产。我国劳动人民对于漆树的栽培和利用，已有几千年的历史。生漆主产地区如陕西、湖北、四川、贵州、云南、甘肃等省，除大力利用现有资源外，有计划地培植漆树新资源，使漆树生产呈现一派大好形势。现在，生漆及其改性涂料已广泛应用于国防军工、化工、纺织、石油、矿山、造船和轻工业等部门。

一、形态特征

落叶乔木，高可达 20 m，胸径 80 cm。树皮初呈灰白色，较光滑，以后逐渐粗糙，成不规则纵裂。幼枝粗壮，枝上叶痕为心脏形，顶芽粗大而显著，三角状广卵形，褐色，有软毛。叶互生，奇数羽状复叶，小叶 7~19 片，全缘，长卵形或椭圆形，基部偏斜，圆形，先端渐尖，侧脉 12~15 对，有毛。圆锥花序腋生，长 12~20 cm；花较小，黄绿色或黄白色，雌雄异株或杂性，雄花有花瓣 5，雄蕊 5，着生于花瓣基部，中有退化子房；两性花的子房上位，1 室，具 1 胚珠。核果扁，肾脏形，外果皮膜质，灰黄色，有光泽及条纹，中果皮蜡质，与内果皮相连合，内果皮坚硬，黄褐色（见图 2-1）。

我国漆树资源丰富，栽培历史悠久，品种较多，根据陕西省生物资源考察队等单位的调查，漆树分两大类，一类是大木漆，即野生的山漆树，另一类是小木漆，即人工栽培的家漆树。

山漆树树形高大，寿命较长，一般在 70 年以上；冬芽细长干瘦，分枝常水平伸展，节间较长，当年生小枝灰白色，光滑无毛。叶片色浅或带黄绿色，质薄，表面有光滑感，背面脉上有稀茸毛，脉低平，叶轴及小叶柄较光滑。果较小，长宽近相等，表面光滑平展。

家漆树树形较低矮，寿命较短。冬芽较肥胖。分枝斜上伸展，节间较短，当年生小枝密生黄褐色茸毛。叶片深绿，质厚，表面有绵软感，背面脉上密被茸毛，脉隆起，叶柄及叶轴密被茸毛。果稍大，一般宽大于长，表面常有皱纹。

家漆树的主要品种有：

1. 大红袍

树高约 10 m 左右，树冠伞形，树皮灰褐色，6 年生以上呈纵向开裂，裂纹紫红色，树龄愈大，红色裂纹也愈多，“大红袍”由此得名。漆籽黄绿色，结实量少或不结实。这种品种皮厚，流漆快，产漆多，开割早，7~8 年生即可割漆，可割 15 年左右，漆液色艳质好。常分布于海拔 1 000 m 以下的山麓、田边和路旁。

2. 高八尺

树形高大，树冠尖塔形，主干分枝点高达 3~4 m。树皮灰白色，纵裂纹浅，裂口不显红色或稍带浅红色。漆籽暗黄色，结实量大。高八尺漆树寿命长，耐割漆，一般 10~15 年生可开割，可割 20~30 年。树皮薄而较硬，产漆不如大红袍、贵州漆等品种，但树干端直，可兼作用材树种，大多生长于海拔 1 500 m 以下地区。

3. 贵州漆

也叫毛贵州，树形高大，树冠宽阔，主干分枝点约 2.5 m。皮具浅裂纹，裂口土红色或杏黄色。漆籽暗绿色。树皮较厚而松软，流漆多，质量较好，树龄 10 年左右即可开割。寿命较长，可割 25 年左右。这种品种多分布于海拔 1 200 m 以下山地。贵州漆又分贵州红和贵州黄两种，前者较后者流漆多，但结籽较少。

4. 火罐子

树形矮小，最高达 6 m，最大胸径 10 cm 左右，主干分枝点高约 0.7~0.8 m。树皮麻灰色，裂纹显红色，故又称“茄子猴”。树皮会自然裂开，到处流漆，使树体呈铁黑色故又称“铁壳树”。其漆液的年产量和漆分数比上述所有家漆品种均高。一般树龄 5~6 年即可割漆，但寿命短，不足 10 年，很不受割。结籽极少或不结籽。

二、分布

漆树在我国分布甚广，从辽宁以南到西藏林区及台湾地区皆有分布，地理范围约在北纬 21°~42°，东经 90°~127°之间。主产于陕西安康、汉中、宝鸡、商洛,四川绵阳、涪陵、万县,湖北恩施、郧阳,贵州毕节、遵义,云南昭通,甘肃武都、天水等地区。

其垂直分布多见于海拔600~1 500 m之间,但适应范围甚广,秦岭、巴山林区海拔2 000 m以上,还可见到漆树生长。

漆树原产我国,现在日本、朝鲜、越南、柬埔寨、缅甸、泰国、伊朗、印度等国家也有栽培。

三、生物学特性

漆树为喜光树种,不耐庇荫,喜生长于背风向阳、光照充足、温和而又湿润的环境。适应性较强,能耐一定的低温。疏松、肥沃、湿润、排水良好的沙质壤土上,最适其生长。漆树虽喜湿润,但畏水浸泡,土壤过于黏重,特别土内有透水间层时,最不利于根系生长,容易发生根腐病甚至造成死亡。其生长发育和漆液的产量及质量受立地条件的影响甚大,酸性土壤上生长的漆树,生长较慢,割漆较晚,但漆的质量较好,而钙质土上生长的,生长较快,割漆较早,但漆的质量不如酸性土壤上者。透水性良好的背风向阳山坡地或河边、沟边阳光充足的地方,漆树生长好,漆液的产量较多,且含水分少,漆酚含量高,质量也较好,而瘠薄土壤或排水不良的背阴山谷生长的漆树,漆的产量少,质量亦较差,同时还易感染病虫害,造成树木死亡。迎风面生长的漆树,树皮易受损伤,并降低漆的产量。因此,营造漆林选择造林地时,应考虑这些因素。

主根不明显,侧根较发达,1年生实生苗常形成3~6个明显的骨干根和许多细小的侧根,15年生以上的大树,根幅可达10 m以外。

野生漆树较栽培的家漆寿命长,一般能生活70年以上,林内天然生长的漆树年龄有达110年者。15年生树木高达7.5~15 m,50年生大树高达20 m以上。

漆树多于4月萌芽,5~6月开花,9~10月果实成熟,10月底至11月落叶。萌蘖力较强,可进行萌蘖更新。

四、造林技术

(一)采种

漆籽的成熟期因生长环境的不同,有迟有早,一般在中秋节前后成熟。树叶发黄并开始脱落时即可采收。采种过迟往往因漆籽脱落和鸟类啄食,损失较大。采种时应选择 15 年生以上、生长健壮、无病虫害、籽粒饱满的树木作为母树。最好是按品种采收,分别处理和保存。采回的果枝应摊放于通风处晾干,3~5 天后除去果梗和杂质,贮存备用。每千克漆籽约 20 000~24 000 粒。

(二)育苗

漆树育苗可采取播种和漆根育苗两种方式。

1. 播种育苗

播种育苗较漆根育苗技术复杂,但漆树经过有性繁殖之后,生活力增强,寿命较长,抗病力较强并能克服长期用漆根繁殖所带来的结实减少和提早衰退现象。故近年来漆树播种育苗不断有所发展。根据陕西、湖北等省的经验,漆树播种育苗须抓住以下环节:

(1)种子处理　漆籽(核果)外皮上有一层蜡质,且甚坚硬,水分不易渗入,发芽困难,故须进行脱蜡和催芽。我国漆树产区劳动群众在这方面积累了丰富经验。陕西省安康市关于漆籽快速育苗方法,就是较好的经验之一,其处理种子的措施主要是:开水烫种,碱水退蜡,浸泡软壳,温水催芽。

开水烫种将漆籽放入木盆或木桶中,倒入沸水,用木棒不断搅拌,到水不烫手时(约 30~40℃),捞出漂浮在水上的空籽。

碱水退蜡　将烫种水倒出,留下漆籽,按每 5 kg 籽加入 250 g 碱面或洗衣粉的比例,充分揉搓,直到漆籽变为黄白色或用手握时感觉涩糙,不再光滑时为止。然后放入竹筐内,用清水冲去废碱。

浸泡软壳将脱蜡后的漆籽放入木桶中，倒入净水浸泡，每天换水一次，10～20天后，漆籽开始膨胀，种皮变软，即可进行催芽。

温水催芽　催芽方法与一般发豆芽相似。漆籽在竹筐内每天用温水(约25℃)淋二至三次，2～3天用温水淘一次，10天左右约5%左右漆籽裂开或露芽时，应立即播种。否则芽露出过长，播种时容易碰伤。

(2)播种　苗圃地应选择地势向阳、土层深厚、肥沃疏松、水源近、排水良好的沙质壤土。整地要精细，做到两犁两耙，拣净石块，清除杂草，打碎土块，施足底肥并用可湿性六六六粉灭土壤害虫。

播种方法以条播为宜，条距0.5 m，播种沟深10 cm，宽16 cm，沟底施基肥厚约7 cm，然后播种。由于漆籽发芽比较困难，播种量一般偏大，每亩播种量约15～20 kg。覆土厚度约2 cm。最后用树叶或稻草覆盖。

(3)苗圃管理　幼苗出土前，注意经常洒水，保持土壤湿润。当幼苗大量出土后，在阴天或小雨天分二至三次揭去覆盖物，及时拔除杂草，全年要除草五至七次。

幼苗长到10～17 cm后，要间苗一至三次，第三次定苗，苗距13～16 cm。结合间苗可进行补苗。带土移栽补苗，宜在阴天进行。

间苗后，均匀地施一次稀粪水，苗木低矮时施化肥应慎重。苗高25 cm左右时，每亩施化肥一次，苗高30 cm以上，再适量追施化肥一次，8月底以前完成施肥工作。

苗木管理期间要做好病虫害防治。

每亩产苗量约8 000～10 000株。

2. 埋根育苗

埋根育苗不仅简便易行，且可保持漆树品种的优良品质和特性，在我国漆农中很早就有采用。但利用漆根育苗，对采过根以后的漆树影响较大，采根当年往往不能割漆。为了克服这一缺点，陕西省平利县胜利公社胜利大队1960年以来，利用1年生漆苗修剪下的苗根，埋根育苗，取得了良好的效果。育出的苗木产量高，质量好，造林后生长快。据胜利大队三队试验，用苗根育的苗平均高较成年漆树的根育出的苗木高

30%,产苗量较多,苗木中Ⅰ级苗占的比例大约12.3‰,无论是用苗根或成年树木的根来育苗,均应注意以下环节:

(1)采根　利用成年大树的根埋根育苗时,首先要选择生长健壮、无病虫害的母树,从其根部采集插穗。采根母树最好是生长于土壤深厚的阳坡,尚未开刀割漆。采根当年也不宜割漆。至于苗根育苗则可结合起苗和修根。收集剪下的根条,作为插穗备用。

采根时间可在“立春”至“清明”之间,而以“惊蛰”前后10天为最好。过早,土壤尚未解冻,不便采挖,迟了,树液开始流动,掘根时易发生裂皮。挖根时还要掌握天气情况,一般应选择晴天,阴天或多云天气也可进行,但忌在雨天挖根。

坡地上生长的漆树的根系多分布在水平两侧及坡下部,取根可在离树干1 m以外的地方,挖开表土,沿根的延伸方向深挖,使根完全露出,用刀切断,切忌用手拔出,以免裂皮。每株树一年只宜在树围四分之一的范围内采根,采根量勿超过2~2.5 kg。每株苗木上一般可采根3~4条。采来的根要放在阴凉湿润之处,或埋入土内,以防风吹日晒。采根后形成的坑穴须用土填平,以免雨后积水。

育苗用的根插穗以筷子粗细为好,可剪成10~15 cm长,稍加晾干即可埋根育苗。如当日不能进行埋根,可捆成小捆,埋入疏松、湿润的土壤中临时贮藏。临时贮藏一般不超过5天,同时不要浇水。

(2)催芽　催芽通常在3月上旬至4月中旬进行,最迟不晚于4月底。经过催芽的根,出苗早,出苗较齐,能保证全苗和苗木质量,便于经营管理。催芽后长出的漆苗较未催芽者平均高约大153%,地径约大60%,Ⅰ级苗所占比例约多54%。

催芽地可选在苗圃附近背风向阳、排水良好的沙壤土地上。催芽前将漆根剪成15 cm左右的插穗,切口保持平滑,并修去过长的须根。有创伤的漆根,修剪时应把伤口留在插穗的下部。所剪插穗捆扎成束,但不要太紧。剪根应在有庇荫和避风之处进行,以减少水分蒸发。

催芽以前,先在整好的土地上按东西向挖深20 cm、宽25 cm的沟,长度随地形而定。沟壁北面垂直,南面略微倾斜。然后将捆好的根大头向上,小头向下,略向南直立排列,间距 5～10 cm,放完后覆土,厚约 3 cm。覆土勿过厚,以免影响发芽。漆根发芽需要的时间与剪根催芽的早晚有关。一般 2 月间所挖漆根,要催芽一月余才能发芽。3 月间挖的根,需催芽 20 天左右。这主要是受温度的制约。当大部分漆根发芽时,便可取出排入圃地之内,此即所谓的“排根”。催芽后仍未发芽的根插穗,可选择其中健壮者按上述步骤,继续催芽。但这种二次催芽的插穗发芽以后长成的苗木,其成活率和生长状况均较差。据陕西省林业研究所调查,其平均高仅为第一次催芽后成苗的 30%～75.6%,每亩产苗量为其 40%～89% 。

（3）排根　排根前要细致整地,新开辟的苗圃地先一年冬深翻 33 cm,翌春解冻后再深翻一次,打碎土块。育苗前最好再翻一次,达到地平、土碎、疏松、无石块草根,然后筑床。筑床有两种形式,一是大田式,在陕西平利一带较普遍,每隔 4～6 m 开一条宽 20～50 cm,深 50～60 cm 的横向排水沟,必要时可直向增设一些排水沟。排根行列与横向水平沟平行。这种筑床方式省工、省地,但抚育不便,排水较差,易生根腐病。另一种形式是高床式,床宽 1.2 m,长 6～10 m,步道宽 50 cm,兼具排水沟的作用。这种形式排水好,管理方便,可减少根腐病的发生,但较费工,费地。

漆根发芽后就要及时排入圃地,排根晚了会使苗木平均高降低 11～22.7 cm。排根时先开沟,沟宽 30 cm,深 20 cm,长随苗床而定。行距 33～40 cm。沟的一侧修成 45～60 度的斜坡。放根时幼芽向上,略低于地面,覆土至沟沿的一半时稍加镇压,然后施入基肥（每亩约 3 000～4 000 kg 草木灰与人粪尿混合施入）,再行覆土。插穗发出的芽一般可不露出土外,如嫩芽较长,且已形成绿叶,则应露出地面。气温高土壤干燥时,覆土可厚些,约 1.5 cm 左右,气温低,土壤湿润,则以不超过 1 cm 为宜。

排根效果与天气状况有关,阴天较晴天好,早晚较中午好,雨天不宜排根。排根密度要适当,目前有些地方采用15 cm×33 cm的株行距,苗木间挤压现象较严重,故以18~40 cm较宜。种根来源缺乏的地方,为了培育"返生根"(即种根),还可将株行距增大。

排根工作一般3人一组,分别担任开沟、覆土、放根、施肥等工作,实行流水作业。

(4)抚育管理　排根后一个月左右,幼苗即可基本出齐,急需进行第一次松土除草,以后每隔20天左右进行一次,最后一次在7月下旬进行。在第一、二次松土除草的同时,要摘芽间苗,按一根插穗留一健壮嫩苗的原则,将多余的芽条摘去。

漆苗最忌雨涝积水,因此,进入雨季后,要及时疏通排水沟,防止苗床积水。6~7月间漆苗生长旺盛的前期,施追肥一至三次,第一次施人粪尿每亩250 kg左右,7月份再追施化肥两次,注意防治病虫害。

(5)起苗　1年生苗一般高70~100 cm,平均地径10 mm以上。起苗时要特别注意保全根系,以利成活和修根时可取得较多的"返生根",供埋根育苗之用。

(三)造林

漆树的适应性较强,采用健壮的漆苗,严格按照技术规定栽植,成活率一般可达90%以上。

1. 作好规划

近年来,漆树造林已由初期的个别地块的小面积规划,发展为一座山、一条沟、一个队、一个社和全县的总体规划。在规划中要"山、水、林、田、路,全面规划,综合治理",把漆树造林列入本地区的总体综合规划之内,统筹安排,同时还要贯彻"适地适树"原则,因地因品种规划好造林地块。漆树一般适宜栽在光照充足排水良好的微酸性沙壤土坡地上。海拔800 m以上可栽植大木漆,小木漆一般宜在海拔1 200 m以下造林。

2. 整地

造林整地使土壤疏松，有利于土壤有机质的分解，加速土壤熟化，是促进幼林成活和健壮生长的必要条件。整地大致有三种形式：

（1）块状整地　一般块长 1.5 m，宽 1 m，深 0.5～0.6 m，各地采用较多。

（2）带状整地　按山坡水平方向挖 1～1.5 m 的水平带。带内造林并可间种农作物。

（3）全垦整地　有两种做法，一是生垦，也叫开荒或挖冷荒。二是炼山整地，用火烧掉杂草灌木，进行垦挖。炼山时间和方法步骤可参考杉木造林的整地。炼山整地有利于漆树幼林生长和间种农作物，但容易造成水土流失，并有引起火灾的危险，故须特别慎重。

除炼山整地外，其他最好都在前一年秋冬进行，第二年春季造林。

3. 栽植

漆树造林以春季土壤解冻后，树木萌芽前为宜，秋季落叶后也可。夏季栽植须及时浇水并适当摘除一些树叶，以减少蒸腾。土壤冻结后一般不宜造林。

漆树为喜光树种，且树冠、根系都较发达，栽植不宜过密，应根据品种特点、土壤地形条件等来确定合理造林密度。一般大木漆较小木漆耐阴，栽植时可适当密些，株行距可保持 3.3 m 左右，每亩不超过 60 株。火罐子生长较低矮，也可采用这种密度。大红袍、高八尺等品种，株行距可定为 5 m 左右，每亩不超过 30 株。坡地上造林，直行应稀，横行较密些，以利水土保持。

漆树造林多采用坑植法，坑的大小应保证苗根舒展，漆苗根茎土应在坑口以下。坡地造林时漆苗根系发达部分应朝向山坡下方。如土壤干燥，手握不能成团，则填土一半后轻提漆苗，使根系舒展，然后灌水，待水全部渗下后再将土填满，踏实，上面再覆一层虚土。一般应适当深埋，覆土要超过原根茎土痕 3 cm 左右。苗木多用 1～2 年生苗，高度在 1 m 以上，要生长健壮，根系完好。当天挖出的苗木最好当天栽完。栽不完时要就地假植。向外地运送苗木时，须用稻草或草袋包装，并常常洒水，以保持湿润。

漆树造林多为纯林,大面积造林时应考虑混交林的栽培,以减少病虫害。有些地区采用杉木、油茶等树种与漆树隔行混交或隔带混交的形式,值得参考和进一步研究。

4. 抚育管理

造林后每年至少要进行一次中耕除草和施肥,在交通不便,运输困难的高山陡坡上可施化肥,每株每次可施尿素 50 g 左右,时间应在春、夏两季,施农家肥可在冬季和春季。为了防止家畜啃食幼林,应禁止在林内放牧。为确保造林成林,应加强思想教育,充分发动群众,建立护林组织,订立护林公约,认真保护漆林。

除人工漆林外,广大林区还有很多野生漆林。这类天然漆林多与其他树种混生,树龄和生长状况参差不齐,可结合次生林抚育改造,逐渐伐除影响漆树生长的其他杂木,同时对丛生的漆树萌生木,分次间伐其中生长不良、发育孱弱的植株,每丛保留 1~2 株健壮的漆树。过密的地方也要适当间伐。

(四)漆树嫁接

目前,漆树造林所用的苗木大都是用野生漆树种子播种育苗得来。野生漆树虽然适应性较强,寿命较长,但较家漆皮薄,产漆量较低,群众不大喜爱。1976 年西北农学院林学系的广大师生在陕西省平利吉阳区同当地领导和群众共同努力,试验用当地优良漆树品种“大红袍”“高八尺”,在野漆树苗木上进行嫁接,获得初步成功,纠正了那种认为漆树因皮部含漆汁嫁接难以成活的认识。漆树嫁接可采用“T”字形芽接法,技术简单,工效较高,省接穗,易成活,成活率可达 86%。这种嫁接方法与一般果树上的芽接相似,时间应在漆树生长期树皮可顺利剥离时,操作速度要快,以避免因漆汁氧化而影响成活。初夏芽接成活的苗木,接芽萌发后可以捻砧,翌春苗木萌芽之前剪砧。芽接当年不宜剪砧,以免造成嫁接苗的死亡。为了防止嫁接苗当年萌发的新枝越冬受冻,可适当推迟嫁接时间,使接芽当年不萌发,翌春发芽前剪砧。芽接后要加强管理,注意防治病虫害,适当控制水肥。剪砧后要及时抹芽,中耕除草,合理施肥灌水,以保证接芽萌发的新枝,能够健壮生长。

图 2-2 漆树苗嫁接实验

图 2-3 漆树芽接成活生长情况

(五)漆液的割漆技术

采割漆液是栽培漆树的一个主要目的。割漆既是一种生产生漆的手段,也是合理经营漆林的重要环节之一。割漆不当就会割断树体内运送养分的通路,影响漆树生长,甚至造成死亡。因此,经营漆林时应注意割漆的技术。

漆树生长到一定年龄,漆汁道发育完全后才可割漆。漆树开割年龄因品种和立地条件而异,高寒山区土壤瘠薄地方生长的野生漆树,需生长 13~15 年,才开始割漆,而较好的立地条件下栽培的家生漆树,7~9 年生便可开割。

采割漆液应在漆树生长旺盛期进行,一般在"夏至"前做好准备工作,漆农的经验是"'谷雨'上山看漆源,'立夏'动手把架拴,'夏至'刮皮和放水,叶茂圆顶割头刀"。高寒山区流漆期短,可采割至"寒露",低山区则可采割至"霜降"。在采割季节内,每天黎明时割漆,上午 10 时前结束。阴天割漆时间可延长。

世界上割漆方法大体上分为采割法和火炙法两种。火炙法取得的漆液量少质劣,已逐渐被淘汰。我国均采用采割法,通行的有"斜口形"和"V 字形"两种方式。

图 2-4　研究改进割漆技术

"斜口形"采割法是由树干基部距地面 20 cm 处划一条长 10 cm 左右呈 40°的斜线,以后每隔 3~7 天采割一次。第二次采割只是在原割口上下各割一刀,一般割的愈细愈好,经过多次采割后,即形成"画眉眼""柳叶形"等形状,在割口下端尖口处插入蚌壳,接收漆液。

"V 字形"割漆法初开割时,由树干基部距地面 20 cm 处割成向下倾斜的“V字形”割口，以后相隔3~7天采割一次，沿“V字形”上下两侧共割4刀，相继加宽加长割口，因各地漆农爱好而割成“剪刀口”“鱼尾形”等形状。我国生漆的第一个生产县——陕西省岚皋县近年来推广了“牛鼻形”割漆法，采割时“V字形”割口中间不割断，留一条上宽2 cm、下宽1 cm的营养带，可使割口愈合快，能缩短割漆的轮歇年，提高漆林资源的利用率。在目前我国生漆生产尚未实现机械化和改革现有割漆口型前，值得推广这种开割口型。

为了保证漆树在采割后能迅速恢复其正常生长和生漆的稳产高产，应注意以下各点：

1. 制定较为明细的割漆规程，向技术要质量，要产量，防止割“狠心漆”，不断提高割漆技术。

2. 坚持合理开口，留足“营养带”。割口长度不超过围径的40%，口距不小于50~60 mm，每刀切皮不超过3 mm。不断改进割漆技术，做到刀口小，易愈合，割漆不死树。

3. 认真保护漆树资源，严禁割“黄龙缠腰”，“螺丝转钉”等有害刀口，要做到胸径12 cm以下幼树不割，桠枝下不割，主根一侧不割，树干上部直径10 cm处向上不割等“四不割”。

4. 抓紧割漆季节，适时采割。要叶茂开刀，叶黄收刀，伏天不停，“寒露”后不割。小木漆每年不得超过20轮刀(次)，大木漆每年不得超过8轮刀。在不影响产量的原则下，尽量缩短割漆时间，以利漆树创伤的恢复。

近年来，西北农林科技大学(原西北农学院)、陕西省生物资源考察队和陕西省土产公司等单位与基层群众一道，利用刺激素“乙烯利”刺激漆液割漆，有明显增产效果。

五、主要病虫害防治

1. 漆树毛毡病(*Eriophyse* sp.)

在陕西岚皋、平利等县均有发生，无论苗木、大树都可受害。叶、芽、嫩茎等被侵染后，变为奇形怪状，如腋芽变为鸡冠形，顶芽成为棒状，叶背面凹陷，表面突出，若毛毡状。

防治方法（1）埋根育苗时，应从没有毛毡病的健壮植株上采根。（2）发芽前喷波美5度石硫合剂，杀死越冬螨。（3）6月份发病初期可喷20%螨卵脂800～1 000倍液，或喷20%可湿性三氯杀螨砜800～1 000倍液。（4）带螨的苗木要烧掉，或者用50℃温水浸10分钟，消毒后，方可出圃。

2. 漆苗炭疽病（*Gloeosporium* sp.）

受害部分先变黑，最后枯死。如枯死部发生在茎干的下部，则整株苗木就会死亡。8月份雨后高温下发病严重。可在7～8月份各喷一次50%退菌特800～1 000倍液，或代森锌500～800倍液，或托布津（甲基或乙基）1 000倍液。

3. 漆苗叶霉病（*Cladosporium* sp.）

主要为害叶部，高温多雨季节发病严重，大批叶片受害并枯死脱落，严重影响苗木生长。防治方法主要是，留苗密度不要过大，使通风透光良好；6～8三个月内，每月喷一次1∶100的波尔多液或65%代森锌800倍液或50%退菌特800～1 000倍液。

4. 漆树褐斑病（*Goniothyrium olivaceum* Bon.）

主要为害叶部，严重时可使树叶枯黄脱落，影响树木生长和生漆的产量。防治上应加强抚育管理；为增强树势，注意割漆方式，勿割得太狠；注意栽培优良抗病品种（大红袍易感染此病）。有条件的地方，8月份前后可喷50%退菌特1 000倍液，或50%福美双500～800倍液。药液中最好加0.03%的牛皮胶，以增加黏着性。

5. 漆树金花虫（*Podentia lutea* Oliver）

以成虫、幼虫取食漆叶，严重时可将漆树叶片吃光，使树器官衰弱，影响生漆产量和质量，是为害漆树的主要害虫。

成虫椭圆形，长约1.5 cm，身体橙黄色；足从胫节起以后均为黑色。幼虫体肥大，长约1.8 cm；体淡灰褐色。一年发生一代，以成虫在杂草、枯枝落叶、石块土隙中越冬,次年4月至5月漆树发芽后,成虫出来为害并产卵于叶背,卵经半月左右孵化,幼虫多在叶背取食。幼虫期约一个月,在土内化蛹,蛹期约半月,8~9月间成虫潜伏越冬。

防治方法:成虫期利用其假死性可震动树干,使其坠落而扑灭之,也可在冬前于树下铺草,诱集成虫越冬,次年成虫活动前加以烧毁或用50%二溴磷乳剂150~200倍液喷杀之。幼虫期可喷撒6%或施放六六六烟剂,也可用50%二溴磷乳剂3 000倍液杀死。用敌百虫1 000溶液,敌敌畏1 500倍液,砷酸铅200倍液,或杀虫脒500倍液喷雾,均可杀死这种害虫。

6. 樟蚕[*Eriogyna Pyretorum*(West wood,1847)]

幼虫取食漆叶,猖獗时可将树叶吃光。成虫为大型蛾,展翅100 mm,翅灰褐色,前后翅均有两条波状纹。中央圆纹为黑色。幼虫幼龄时为黑色,成长后渐变为黄绿色,体上生白色长毛。茧长椭圆形,两端尖锐,褐色,呈粗网状,可透见蛹,蛹为淡褐色。

樟蚕一年一代,以蛹越冬,3月中旬成虫羽化,于树皮上产卵成堆,每堆50粒左右。

防治方法　冬季采除虫卵。幼虫期捕杀群集的幼虫。用灯光诱杀成虫。还可试用樟蚕微粒子病防治。

7. 叶蝉(Cicadellidae)

寄生于漆树干部,刺吸树液为害。

叶蝉长约4 mm,体翅灰褐色,可跳跃。

8. 漆蚜

主要为害漆树幼苗的嫩茎部,刺吸汁液,影响漆苗生长,其排泄物常能诱发烟煤病。

漆蚜长约1.5 mm,褐色。

叶蝉、漆蚜的防治方法(1)保护瓢虫、草蛉、食蚜虻等天敌。(2)苗木调运时,注意检疫。(3)药剂拌种,防苗期蚜虫。可用三九一一(剧毒、注意安全)闷种,每 50 kg 浸泡后的漆种可用药 150 g。(4)发生严重而天敌数量少的地块可用 50%乐果 1 500 倍液或 50%磷铵 1 500 倍液,或 40%敌敌畏 1 000 倍液喷雾防治。

9. 梢小蠹、天牛(Long-horned beetles)

寄居漆树枝条,使枝条枯死,影响树木生长发育。成虫约长 1.5 mm,褐色。

天牛幼虫乳白色,对树木生长有一定的影响。

梢小蠹和天牛的防治:主要采用营林措施,促进林木健壮生长,如加强肥水管理,割漆不要太狠,发现被害木后及时清除。

图 2-5　喷洒农药防治漆树病虫害

六、经济价值

漆树的主产品为生漆、漆蜡、漆仁油,木材也有很大价值。

(一)生漆的性质及用途

刚割出的漆液为乳白色或灰黄色,与空气接触后变为黑色。其主要化学成分是漆酚,漆酶和树胶质,此外还含有一定量的水分和有机质。

国产生漆中各种成分的含量如下：漆酚50%～70%，漆酶10%以下，树胶质10%以下，水分20%～30%，其他有少量有机质。

生漆在空气中最易干燥，结成黑色光亮坚硬的漆膜，附着力、遮盖力、耐久性和防蚀性都很强，且又耐水，耐热，耐磨，耐溶剂侵蚀。因此，生漆除用作一般建筑材料的涂料外，还广泛用作国防、机械、石油、化工、采矿、纺织、印染等工业部门设备器材的防腐蚀涂料，在我国工农业生产和对外贸易方面，作用愈来愈大。

（二）漆蜡、漆仁油的利用

漆树果实中含有丰富的漆蜡和漆仁油。漆蜡是熔点高的固体脂肪，凝固点50～70℃，皂化值209～227，碘值7～9，脂肪酸中含豆蔻酸2%，棕榈酸70%，硬脂酸5%，油酸15%，其他脂肪酸15%。漆蜡是制造肥皂和甘油的重要原料。

漆仁油是熔点较低、碘价高、不饱和程度较高的液体不干性油，可用作油漆工业原料，也可食用。

（三）漆树的木材和用途

漆木心、边材区别明显，边材很狭，黄白色至灰白色，幼树心材淡草绿色至黄绿色，老树则为黄绿色至褐黄色。割过漆的树木较未割漆者心材颜色较深，色调鲜艳悦目，年轮明显。木材为环孔材，木射线细，在肉眼下可见。漆木重量较轻，收缩中等，端面硬度软，顺纹抗压强度、静曲强度、抗剪强度等都属中等。木材气干较快，较易开裂，加工容易，易钉钉，握钉力中等。耐腐、耐湿、少见虫害。宜作桩木、坑木用材和盆桶之类盛器，也可做家具、面板、细木工制品以及高级建筑物的室内装饰。但幼树木材及生长过速木材的材质较差，不宜做承重构件。据古农书记载，古人用漆木制琴，造弓，还做梁、檩等建筑用材。

此外，干漆和漆树的叶、花、果实均可入药，有止咳嗽、消瘀血、通经、杀虫之效,还可治腹胀、心腹疼痛、风寒湿痹、筋骨不利等症。漆根和叶可做农药,煎汁加煤油可喷杀水稻害虫,漆叶煎汁可防治棉蚜、稻包虫、蔬菜等害虫。

（本文原载《中国主要树种造林技术》）,北京:农业出版社,1978 年 1 月版,第 761–765 页。

（本文原载《中国农业百科全书》）上卷,北京:农业出版社,1989 年 4 月版。

中国漆

有一种树,我国明代著名的自然科学家李时珍把它形象地描述为:叶子像椿树,花与中国槐相似,果实像鼠李子,木材外白心黄;有人听到它就会全身发痒,接触到它就面目肿大,真是一种奇怪的浆液。这就是我国著名的特用经济树种——漆树。

从漆树皮部割取的漆汁叫生漆。它在空气中很容易干燥,结成黑色光亮坚硬的漆膜,附着力、遮盖力、耐久性都很强,而且又耐热、耐水、耐油、耐溶剂和土壤腐蚀,其绝缘和耐磨性也都很好,所以常用它漆涂用具。

我国制造漆器的历史,可以追溯到四千多年前的虞夏时代。西汉人刘向在他所著的《说苑》一书中,就有舜制漆器认为奢侈的记载。所以我国是世界上使用天然涂料"中国漆"最早的国家。

近年来,我国考古工作者在河北、湖北和湖南等省,都发现了大批古代漆器。这些漆器光泽如新,制作精美,花纹艳丽,真是难得的艺术珍品!

我国漆器和油漆技术很早就流传到国外。日本、朝鲜、蒙古、印度、孟加拉国、柬埔寨、泰国等东南亚国家,以及中亚、西亚各国,都在汉、唐、宋时期从我国传入了漆器和油漆技术,并且分别组织了漆器生产,构成亚洲各国一门独特的手工艺行业。在新航路发现以后,中国和欧洲直接交往,又通过葡萄牙人、荷兰人等不断地把我国漆器贩运到欧洲。

漆树的栽培,在历史上也以我国为最早。远在春秋时期(纪元前8世纪到前5世纪)我国已重视漆树的栽培。战国时代就设有掌管漆林的官吏,并有征收漆林税的制度。后来,随着生漆生产和制漆工艺的发展,历代对漆树的经营都很重视。至今,在我国重点产漆地区,如我省平利县等地,还可见到古代对漆林管护的碑文。它不仅记载着我国生漆生产发展的情景,也反映了封建社会地主阶级对漆农的残酷剥削和压迫。

古代的割漆技术也是逐步发展的,纪元前3世纪《庄子》中仅说到割漆是"漆有用,故割之"。纪元后3世纪晋代崔豹所著《古今注》中记述了割漆和收漆的工具。到10世纪《蜀本草》中指出割漆的适宜季节,到18世纪张古甫著的《三农纪》中指出割漆不能环割,要注意留营养带,否则树必枯死。这些都是合乎科学道理的。

古代鉴别生漆的口诀云:"微扇光如镜,悬丝急似钩,撼成琥珀色,打若有浮沤。"与现在的验漆口诀"好漆清如油,宝光照人头,摇起虎斑色,提起钓鱼钩"对比,基本内容是一致的。我国古代劳动人民的这一经验,不只是在我国,甚至在东南亚等国家也还在沿用。

对于漆毒的防治,古代医学家和劳动人民在长期的生产实践中,积累了一定的经验。早在公元610年,我国杰出的病理学家隋代的巢元方,对漆毒已有较深的研究和论述,在他的《巢氏诸病源候总论·漆疟候》篇中,对漆毒的病因、发病规律及病状等都做了较详细的记述,为以后的漆毒防治提供了宝贵的经验。李时珍在《本草纲目》中,在漆毒防治方面又进一步进行了总结和发展。这些宝贵经验,至今还在民间广为应用。

我国古代在生漆生产和利用方面取得的科学技术成就,为我们提供了丰富的知识和宝贵经验。在中华民族文明的宝库中,它像一颗晶莹的明珠,放射着中国劳动人民聪明才智的光辉!

(本文原载《陕西日报》1978年11月27日)

涂料之王——漆

1972年初,在湖南长沙马王堆西汉古墓中,发掘出了2000年前的大量漆器和棺椁,其光泽之鲜艳,制作之精美,曾轰动一时,不仅提高了中国漆的声誉,也证明了它的悠久历史。

其实,我国人民利用生漆作为涂料的历史还可追溯到更远,1972年11月,在河北省藁城县台西村出土的商代古墓中(公元前16—11世纪)的漆器残片,当时认为是发现最早的漆器。此外,从西周到战国时期,不少精美的髹漆彩绘的几、案、鼓瑟、戈柄、棺椁等也曾大量出土。古书《韩非子》和《说苑》中记载:"尧释天下,舜受之,作为食器,斩木而裁之……,犹漆黑之以为器。……舜释天下,而禹受之,作为祭器,漆其外而朱画其内。"由此推算,远在4200年前我国就有相当高水平的漆器工艺了。1978年,在浙江余姚市河姆渡,距今七千年的原始社会遗址中发掘到大量木器,据报道,第三文化层中有一件木碗,造型美观,腹部瓜棱形,有圈足,内外有朱红涂料,色泽鲜艳。经中国科学院北京植物研究所鉴定,系生漆调制的。可见早在六、七千年前,我国已用生漆作为涂料。

生漆,又名国漆、大漆,是我国特产的一种天然树脂涂料,它是漆树皮割破后流下来的白色胶状液体,主要成分是漆酚,在接触空气后,逐渐氧化变成褐色、紫红色以至黑色。所以古代象形文字就把漆字写成"桼",象征着从树木上流下的水汁。

我们的祖先对漆树的形态、分布、造林技术,漆的利用、生漆检验方法以及漆毒的防治等方面有很多研究,积累了丰富的经验,至今对我国生漆生产仍有指导意义。如《尔雅翼》中说:"漆木高二、三丈,叶如椿樗,皮白而心黄。"《本草纲目》记载:"漆树……叶似椿,花似槐,其子似牛李子……"对漆树的形态作了形象的描述。《山海经》对漆树在我国的分布状况有较详细的记载。关于割漆技术,《三农纪》中说:"木至盈大方割,用利刀镟皮勿断,须留勦路,若割断则木枯。"说明了当漆树直径生长到碗口大(六、七市寸)时,才可开始割漆,割的过早会影响漆树生长,安排割口时必须留"勦路"(即营养带)。《南越志》中讲到要掌握好割漆的时间:"……鸡鸣日出之始便刻之,则有所得,过此时,阴气沦,阳气升,则无所获也。"科学地说明了伤流与蒸腾强度之间的关系。当日出之前,蒸腾强度最低时,伤流最旺盛,正是割漆的好时间。过了这个时间,太阳高升,蒸腾作用强烈,伤流下降,则割不出多少漆。清代包世臣著的《齐民四术》中更详细地叙述了割口的形状和方法:"于七月以斧斫其皮,侵肉。开二分许阔,……开口大如新月,以蚌承之。每取讫,复插入,以汁枯为度。"古代漆工总结出著名的检验生漆的口诀:"微扇光如镜,悬丝急似钩,撼成琥珀色,打着有浮沤。"这些都有丰富的科学内容。

对于漆树的利用,古书中也有不少记载。《诗经》中提到漆木可以制作乐器;《华佗传》中记有"漆叶青粘散"可延年益寿的传说;我国古代著名的药物学家李时珍对漆树的药用有深入的研究,他说干漆入药可"绝伤补中、续筋骨、填髓脑、安五脏、五缓六急,风寒湿痹……"。并研究证明了漆子可下血,漆花可解小儿腹胀等。

不仅如此,涂漆也是一种特种工艺。距今 1000 多年前,五代时有个朱遵度,总结了历代漆工的经验,著有《漆经》一书,是我国最早的漆工专著,可惜这样一本重要的书已经失传。明代又出了一位杰出的漆工,名叫黄大成,著有《髹饰录》一书,这是我国现存惟一的漆工专著。

漆树的用途很广,经济价值高,我国历代都很重视漆树的种植。战国时专门设有管理漆树的官吏并有征收漆林税的制度。西汉时的《西京杂记》中记载有"初修上林苑,群臣远方各献名果异树,……蜀漆树十株",说明秦代已将漆树作为庭园观赏树。西汉时更大面积进行漆树造林,种植地区日益发展。经过几千年的实践,漆树的栽培与利用经验更加丰富。但在十年浩劫中,生漆生产也遭受了严重破坏,近年来才得到恢复和发展。

漆树是被子植物们,漆树科、漆树属,落叶乔木。一般树高 5~10 m,

有的可达 20 m，胸径 40 cm 左右，随品种和类型而有不同。一般五月开花，核果九月间成熟。

漆树在我国分布较广，据统计，包括了全国 22 个省(区)市、其中以陕西、湖北、四川、贵州和云南五个省的漆树资源最丰富，其次是甘肃、河南、湖南、江西、安徽、浙江、江苏、福建、河北、山东、山西，其他如西藏、广东、广西、辽宁、宁夏也有一部分资源。这个分布范围，约相当于北纬 25°左右起，到北纬 41°46′止，东经约在 95°30′到 125°20′之间，年降雨量在 600 mm 以上，气温在 8~20℃，相对湿度 60%以上的温湿地带。垂直分布在海拔 100~2 500 m 之间，而以 600~1 200 m 最多。

漆树对土壤的适应性强，但以偏酸性的砂质壤土最好，要求有较好的光照和水温条件，最好种在背风向阳，排水、透气性好的地方。繁殖方法：可以在春、秋两季用种子直播，也可以挖取 10 年生以下健壮树树根进行埋根育苗。此外，还可以用芽接方法繁殖良种。

漆树既是涂料树，又是用材树和油料树。生漆及其改性涂料，由于它具有光亮坚硬的漆膜，附着力、遮盖力、耐久性和防腐蚀性能很强，而且又耐热、耐水、耐油、耐溶剂和土壤腐蚀，绝缘性和耐磨性都很好，已广泛用于国防军工、化工、石油、采矿、纺织印染、轻工、美术等部门，曾以“涂料之王”著称于世。漆树木材通直美观耐腐，可制作家具和装饰材。漆树果皮中富含蜡脂，俗称漆蜡，是用来制作肥皂、香皂和提取硬脂酸、甘油的好原料。种子中也含有一定的油分，可榨油食用，漆花是优良的蜜源。

美中不足的是不少人对生漆过敏，俗称“中漆毒”，轻者面颊和会阴部位出现红肿，奇痒难忍，重者局部至全身出现丘疹，甚至溃烂。公元 610 年我国隋代杰出的病理学家巢元方在他的《诸病源候论》漆疟候篇中，对漆毒的病因、发病规律及病状等有较详细的记述。李时珍在防治方面又进一步进行了研究，如说：“凡人畏漆者，嚼蜀椒涂口鼻则可免。生漆疮者，杉木汤、紫苏汤、漆枯草汤、蟹汤浴之皆良。”这些宝贵经验，至今还在民间广为应用。

中国漆器和髹漆技术于汉、唐时代就传入日本，以后又传到东南亚一带，成为亚洲一些国家的独特手工艺行业。朝鲜北部的古墓和蒙古的诺因乌拉古墓群，都有我国汉代漆器出土。日本正仓院至今还收藏着唐代泥金绘漆、金银平脱等。一千多年前，中国漆器也通过丝绸之路传到西方，以后，又由水路传入欧洲，公元17—18世纪，欧洲人仿制我国漆器成功，当时最有名的是法国罗贝尔·马丁一家的产品，其最初风格仍脱胎于我国。尽管如此，我国漆器工艺美术品至今仍闻名全球。

随着我国工农业生产的迅速发展，对生漆也不断提出更高的要求。有关部门根据不同要求，用化学方法处理或合成多种生漆改性涂料，如精制大漆、聚合大漆、漆酚清漆、耐氨大漆和漆酚有机硅涂料等不同用途和具有特殊性能的产品，受到各方面的欢迎。生漆还作为原料出口，但供不应求。因此，积极发展漆树增产生漆，对于促进工农业发展，提高山区人民生活，都有现实意义。

（本文原载《植物杂志》1980年第6期）

陕西的漆树林

一、栽培历史和现况

漆树是我国的重要经济树种之一,早在六、七千年前,我国已用生漆作涂料。我国历代都重视漆树的栽培和经营,中国漆器和髹漆技术在远古的尧舜就已兴盛。明代著名医学家李时珍在《本草纲目》中写道:今梁州(今陕西南部)漆最甚,益州(今四川成都)亦有,广州漆性急易燥”“以金州(今陕西安康)为佳,故世称金漆”。由此可见陕西省的生漆生产,已有悠久历史。1949 年后,除人工营造漆林外,1975 年以来,还在汉中、安康等地区飞机播种漆松混交林 2.67 万 hm^2,效果较好。

陕西省漆树资源丰富。据 1979 年底统计,陕西省漆林面积约 21.12 万 hm^2,漆树约 12 218 万株。1979 年陕西省生漆收购量达 1 213.15 t,创造历史最高水平。漆树资源约占全国 26%,生漆收购量约占全国 40%,居全国首位。安康、汉中、商洛地区和宝鸡市是陕西省生漆的主要产区。以安康地区产量最大,约占陕西省产量的一半。陕西省年产生漆 50 t(1 000 担)以上的县有岚皋、宁陕、平利、太白、镇坪、周至、留坝、凤县、佛坪等 9 个。

图 2-6 漆树林-陕西省平利县人工漆林

二、栽培范围

漆树原产我国中部，在亚洲温暖潮湿地区分布普遍，包括中国大陆温暖湿润地区的大部分省(区)、市，日本、朝鲜、越南、印度、泰国、缅甸等国。欧、美没有漆树，1874年以后，才由我国引入各地栽培。

我国漆树的水平分布范围，大体符合中国植被区划中的暖温带落叶阔叶林到中亚热带常绿阔叶林地区。这个分布范围，约相当于北纬25°左右起，到北纬41°46，止，东经约在95°30′到125°20′之间。

虽然我国漆树分布范围较广，但由于地理因素所造成的特殊性，漆树分布主要集中在秦巴山区、鄂西高原和大娄山、乌蒙山一带。环绕四川盆地的东侧构成一个半月形的分布中心，在这个中心区域以外，向东西和向南北，漆树分布逐渐减少。这个中心区域实际上包括了我国生产生漆的全部地区，地理范围约相当于北纬26°34′~34°29′，东经103°53′~112°10′之间。在这个区域内，气温适中，雨量充沛，湿度较大，适于漆树生长发育。陕西漆树分布区年降水量为560~1 240 mm，年平均气温为8~16°之间，极端最高气温在33~43℃之间，极端最低气温在-7~-26℃之间，日平均气温≥0°的日数在250天以上，日平均气温≧10°的日数在144~231天之间，≥10°活动积温为2 400~5 000℃。

陕西省南自镇坪，北到志丹，西起关山，东至潼关，都有漆树分布。根据漆树资源的分布特征，自然条件等以及社会经济条件因素，初步将陕西省漆树林分布划分为5个漆区。

(一)黄土高原漆区

包括甘泉、富县、宜川、黄龙、洛川、黄陵、宜君、铜川、耀州区、淳化、旬邑、彬县、长武、永寿、麟游等县(市)全部，以及志丹、安塞、延安、延长、陇县、千阳、凤翔、岐山、扶风、乾县、礼泉、泾阳、三原、富平、蒲城、白水、澄城、合阳、韩城等县(市)的部分地区。

本区气候较干旱,年降水量 560~660 mm,年平均相对湿度 64%~71%;现有漆林面积约 0.4 万 hm^2,占陕西省的 1.9%;约有漆树 181 万株,占陕西省的 1.5%。不仅资源少,且分布不均,集中分布于北部的桥山、崂山、黄龙山等山区。

(二)秦岭北坡漆区

包括宝鸡市、陇县、千阳、宝鸡、太白、岐山、眉县、周至、鄠邑区、长安、蓝田、渭南、华县、华阴、潼关、商县等县(市)的部分地区。本区现有漆林面积约 2.3 万 hm^2,占陕西省的 10.9%;约有漆树 925.9 万株,占陕西省的 7.6%。漆树垂直分布于海拔 500~2 200 m。

(三)秦岭南坡中高山漆区

本区包括凤县、留坝、宁陕、柞水、洛南等县全部,以及略阳、勉县、汉中、城固、洋县、佛坪、安康、镇安、山阳、丹凤、商县、商南、太白、周至、华县等县(市)的部分地区。漆树资源比较丰富,现有漆林面积约 5.47 万 hm^2,占陕西省的 25.9%;约有漆树 2 768.4 万株,占陕西省的 22.6%。漆树分布广泛,尤以中部地区分布最多。

(四)秦岭巴山低山丘陵漆区

本区包括石泉、旬阳、白河等县全部以及略阳、宁强、勉县、南郑、汉中、城固、洋县、西乡、安康、紫阳、岚皋、平利、镇安、山阳、丹凤、商南等县的部分地区。本区自然条件优越,生漆生产历史悠久,品种优良,资源丰富。现有漆林面积约 6.14 万 hm^2,占陕西省的 29.1%;有漆树 4 150.7 万株,占陕西省 34%。闻名全国的良种漆树——大红袍产于本区。

(五)巴山中高山漆区

本区位于陕西省最南部,包括镇巴、镇坪等县全部,以及宁强、南郑、西乡、紫阳、岚皋等县南部地区。本区漆树资源最多，现有漆林面积约 6.81 万 hm^2，占陕西省的 32.2%；约有漆树 4 192 万株，占陕西省的 34.3%。

漆树的垂直分布，一般在 1 000~2 500 m 之间，但以 400~2 000 m 分布最多。由于漆树的类型不同，垂直分布情况也有差异，秦岭、巴山的漆树天然林（即野生大木漆树），分布的海拔较高，一般在 1 000~2 500 m。漆树人工林（即栽培的小木漆树），分布的海拔低些，一般在 1 200 m 以下，多为单优种群落（见图 2-7）。

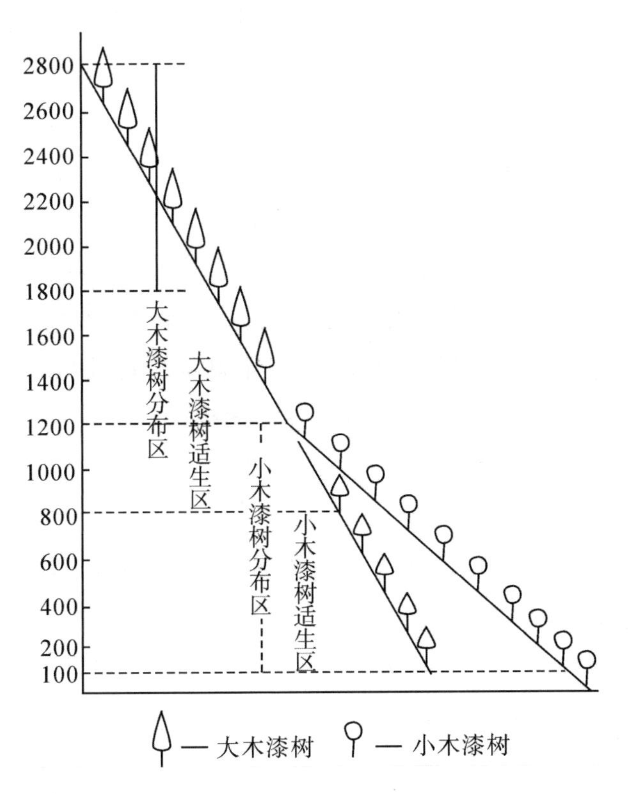

图 2-7　漆树垂直分布示意图

（引自肖育檀《中国漆树生态地理分布的初步研究》，《陕西林业科技》1980 年第二期，第 36 页）

三、生态特性

(一)土壤

漆树适酸性或中性土,在微碱性土壤条件下可以生存,但生长发育不良。其根系的正常生长与土壤通气状况有密切关系,在透水较差的黏土中,往往因通气不良,生长受到抑制;在滞水的低湿地,根部易遭腐烂;在土壤干燥瘠薄之地,水分条件较差,漆树易干旱致死。因之,漆树最适宜的土壤为湿润、肥沃、杂有碎石,透水良好的腐殖土。

(二)温度

漆树喜温和湿润环境,能耐一定的低温,但温度过低,漆树即难以生长。

温度的高低不仅是漆树地理分布的限制因素,而且还直接影响生漆生产的时间和产量。陕西漆区的热量资源,在地理分布上,由北向南递增,自东向西递减。热量条件以汉中、安康盆地和巴山漆区最好,其次为秦岭漆区,黄土高原漆区最差。漆树较上述诸区均少。

(三)水分

漆树喜湿润环境,充沛的降水与较高的相对湿度,最有利于其生长发育。在陕西省漆区中,巴山漆区水分条件优越,秦岭漆区水分条件居中,黄土高原漆区水分条件最差。

漆液的形成和分泌与湿度有很大的关系,当水分供应充足,空气中的相对湿度大,气温较高的情况下,漆液的形成和分泌速度显著提高。

(四)光照

漆树是一种阳性树种。从其叶片的解剖构造上也可看出这一特性。漆树叶的栅栏组织为二层,海绵组织排列十分疏松,细胞间隙较大。漆树在生长过程中需要充足的光照，割漆生产季节，为加速漆液的形成和分泌，也需要较好的光照条件。向阳的山坡地，由于日照时间长，林地气温较高，有利于漆树的生长和漆液的形成和分泌，生漆的质量也较好。

（五）风

漆树畏强风。风对漆树的生长和漆液的分泌都有影响，在漆树的迎风面布置割口，树干容易遭风折断，同时在多风地区生长的漆树进行割漆生产时，由于空气中相对湿度降低，生漆的产量也低。所以，在漆树造林时，应注意避开多风的山口和山脊。

四、变异型及品种

陕西省漆树资源丰富，经过长期的人工选择和自然选择形成了一些优良品种，比野生漆树产量高，质量稳定。例如野生漆的平均单株产量一般为 0.1 kg 左右，然而目前较受欢迎的大红袍漆树，其平均单株产量为 0.25 kg。因此，漆树品种对提高生漆产量，改进生漆品质、扩大漆树的栽培区域起着显著的作用。

根据陕西省生物资源考察队等单位研究，将陕西省漆树分为两个品种群，包括九个品种：

（一）小木品种群

树形较矮小，通常高 4~8 m。结籽较少或不结籽，罕有结籽较多者。通常开割期早，但寿命较短，不耐采割。

1. 火焰子

陕西又名火罐子，湖南名金骨小木，河南名小火焰。在陕西的商南、平利、岚皋等县有少量栽培，一般分布在海拔 800 m 以下的地区。树形低矮，树高 5 m。很少结籽或不结籽。5 年生时即可开割，若到开割年龄不及时割漆，往往大量流“冷漆”。寿命短，最多可割 5 年。

本品种开割早，产漆量高，漆质佳。但不耐割，适应性较差。

2. 茄棵头

在陕西的商南、平利、岚皋等县，海拔800 m以下的地区有少量栽培。树形低矮，树高约5 m，很少结籽或不结籽。5年生开割，最多可割5年。本品种开割早，产漆量高，漆质佳。但寿命短，不耐割，适应性较差。

（二）中木品种群

树形较高大，通常高6~10 m。一般结籽较多，蜡层薄而松软。开割期稍迟，寿命较长，较耐割漆。所产生漆水分少，燥性强。

1. 大红袍

安康地区的平利、岚皋等县栽培较多，分布于海拔1 000 m以下的山麓、田边和路旁。树高约10 m。结籽少或不结籽。7~8年生开割，可割15年左右，平均单株产漆量0.25 kg。本品种开割早，流漆快，产漆量高，漆质佳。

2. 贵州红

主要分布于岚皋、紫阳、镇坪、平利等县海拔1 200 m以下的地区。树形高大。结籽较多。10年生开割，可割25年。本品种寿命长，耐割漆，产漆多，质量佳，但开割迟。

3. 贵州黄

主要分布于皋岚、紫阳、平利等县海拔1 200 m以下的地区。树形高大，结籽较多。10年生开割，可割25年。本品种寿命长，耐割漆，漆质佳。但开割迟，产漆量比贵州红低。

4. 红皮高八尺

在平利、皋岚、镇坪等县海拔1 500 m以下的地区均有栽培。树高约12 m，可达15 m以上。寿命较长，可割15~20年，平均单株产漆量0.15~0.25 kg。本品种生长快，耐割漆，产漆多，漆质佳，材质好，适应性较强。

5. 黄茸高八尺

在平利、岚皋等县海拔1 500以下的地区均有栽培。树高约10 m，可达 15 m,结实多。适应性和抗病虫力均强,但产漆量较低。

6. 椿树头

主要分布于平利、岚皋等县海拔 1 500 m 以下的地区。树高约 10 m,结实多。适应性和抗病虫能力均强,但产漆量低。

7. 大叶高八尺

主要分布于岚皋县海拔 800 m 以下的地区。树高可达 15 m,结果较多,果实浅黄色。可割 15~20 年,一般单株产漆量 0. 25 kg 以上。本品种产漆量较大,漆质较好。

上述漆树品种中以大红袍、贵州红等品种比较优良,造林中可因地制宜逐步发展。

五、生长及产量

漆树为速生树种,野生漆树在一般情况下,15 年高可达 10 m,胸径 18 cm 左右。栽培品种在立地条件较好时,生长更快(表 2-1)。

表 2-1　各漆树品种与野生漆树生长比较

<table>
<tr><th rowspan="2">品种名称</th><th rowspan="2">测定株数</th><th rowspan="2">树木年龄</th><th colspan="2">平均胸径</th><th colspan="2">平均树高</th><th colspan="2">平均树冠</th><th colspan="2">平均单株营养面</th><th colspan="2">平均材积</th></tr>
<tr><th>单株胸径(cm)</th><th>比值</th><th>单株树高(m)</th><th>比值</th><th>单株冠幅(m)</th><th>单株冠长(m)</th><th>单株树冠表面(n²)</th><th>比值</th><th>单株材积(rn³)</th><th>比值</th></tr>
<tr><td>大红袍</td><td>15</td><td>15</td><td>22. 1</td><td>1. 139</td><td>11. 0</td><td>1. 038</td><td>7. 9</td><td>9. 5</td><td>78. 6</td><td>2. 78</td><td>0. 1958 3</td><td>1. 218</td></tr>
<tr><td>红皮高八尺</td><td>13</td><td>15</td><td>23. 5</td><td>1. 211</td><td>11. 8</td><td>1. 113</td><td>6. 8</td><td>8. 8</td><td>71. 8</td><td>2. 54</td><td>0. 2567 5</td><td>1. 597</td></tr>
<tr><td>贵州红</td><td>4</td><td>15</td><td>24. 2</td><td>1. 247</td><td>11. 7</td><td>1. 104</td><td>6. 6</td><td>7. 7</td><td>53. 2</td><td>1. 88</td><td>0. 2704 8</td><td>1. 684</td></tr>
<tr><td>椿树头</td><td>7</td><td>15</td><td>20. 5</td><td>1. 057</td><td>12. 3</td><td>1. 161</td><td>6. 5</td><td>7. 8</td><td>52. 3</td><td>1. 85</td><td>0. 2020 2</td><td>1. 256</td></tr>
<tr><td>黄茸高八尺</td><td>6</td><td>15</td><td>22. 5</td><td>1. 159</td><td>12. 1</td><td>1. 142</td><td>6. 4</td><td>7. 5</td><td>50. 2</td><td>1. 77</td><td>0. 2401 5</td><td>1. 493</td></tr>
<tr><td>火焰子</td><td>5</td><td>15</td><td>12. 1</td><td>0. 624</td><td>7. 8</td><td>0. 736</td><td>3. 5</td><td>5. 3</td><td>20. 1</td><td>0. 71</td><td>0. 0496 8</td><td>0. 309</td></tr>
<tr><td>野生大木漆</td><td>14</td><td>15</td><td>19. 4</td><td>1. 000</td><td>10. 6</td><td>1. 000</td><td>5. 1</td><td>5. 2</td><td>28. 3</td><td>1. 00</td><td>0. 1608 1</td><td>1. 000</td></tr>
</table>

从品种间比较看,大红袍和贵州红树皮最厚,可流动的漆汁道层数多,漆汁道宽而长,故漆液贮存量大,产漆量高;红皮高八尺次之;椿树头漆汁道细短,但其密度大,故具有中等的产漆量;黄茸高八尺和野生漆树

皮薄，可流动的漆汁道层数少，与椿树头相比，次生韧皮部的漆汁道密度小，单位体积中漆汁道条数少，产漆量最低。

从这些测定的结果可见，在相同的栽培条件下，相同年龄的各品种漆树，其总生长量除火焰子外均比野生漆树大。

生漆产量的高低与漆树品种、树干直径、割漆技术等有关系。根据漆树皮解剖学的研究证明，随着树干直径的增加，漆汁道逐渐发育，树径与漆汁道总断面积成正比例增加（表 2-2）。

表 2-2　树干直径与漆汁道的发育状况

树龄	直径（mm）	树围（mm）	总漆汁道数	漆汁道总断面积（mm^2）
1	14.24	44.84	444	1 2554
2	22.72	71.50	732	2 0694
3	36.36	114.23	1 205	3 4094
4	48.46	158.16	1 723	4 8709
5	66.66	209.37	2 211	6 2505

在相同的树龄和割漆技术条件下，漆树品种与生漆产量有直接关系如下（表 2-3 和表 2-4）。

表 2-3　各漆树品种与野生漆树树皮发育比较

品种名称	年龄	树皮材积（cm^2）	树皮率（%）	树皮厚度（mm）	初生韧皮厚度（mm）	次生韧皮部		可流动漆液的漆汁道层数
						厚度（mm）	比值	
大红袍	15	38 768	19.8	12	2.9	7.2	1.95	6
红皮高八尺	15	49 286	19.2	11	2.6	4.2	1.14	5
贵州红	15	48 692	18.1	10	2.3	6.5	1.76	6
椿树头	15	18 585	9.2	6	2.4	2.9	0.78	4
黄茸高八尺	15	25 788	10.7	8	2.7	4.3	1.16	4
野生大木漆	15	16 261	10.1	9	4.3	3.7	1.00	4

表 2-4　各漆树品种与野生漆树产漆量比较

品种名称	树木年龄	次生韧皮部漆脂道						平均历年单株单割口产漆量	
		密度（条/cm^2）	长度（mm）	平均直径		平均单株漆汁道数		kg	g
				短轴	长轴	总条数（万条）	总容积（km）		
大红袍	15	174	216	135	300	289	23.3	0.355	356
红皮高八尺	15	154	143	70	150	211	18.7	0.221	221
贵州红	15	171	187	50	260	892	31.6	0.285	285
椿树头	15	356	41	45	140	327	8.9	0.204	204
黄茸高八尺	15	286	104	50	140	182	13.7	0.169	169
野生大木漆	15	301	93	55	130	108	6.7	0.186	186

六、栽培及经营方式

漆树可用种子和埋根两种方法育苗。漆树种皮坚硬且附有漆脂，水分不易进入，为促进其发芽迅速整齐，产区群众用开水烫种、碱水脱脂、浸泡软壳、温水催芽这几种方法效果均较好。

埋根育苗法在陕西省已有悠久历史。从出圃的优良漆苗上剪下苗根扦插，不仅节约劳力，而且比用大树根育苗的成活率高 30%左右。

漆树造林宜在背风向阳，土层深厚肥沃，排水良好的微酸性沙壤土上。造林多在春季，但春季干旱多风地区宜采用秋季造林。造林密度视立地条件和品种而定，一般树冠宽阔的品种，如大红袍、贵州红等，株行距通常为 5 m×4 m，每公顷约 495 株；冠幅中等的品种，如红皮高八尺等一般为 4 m×3 m，每公顷约 825 株；冠幅小的品种，如茄棵头、火焰子，多为 3 m×2 m，每公顷约 1 650 株。1975 年以来，汉中、安康等地飞播漆松混交林 27 000 hm^2 以上，效果较好。

幼林未郁闭前，可采用全面抚育、带状抚育和块状抚育三种方式。有条件的地区，每年可在春、夏季进行一次追肥，秋季不宜施用。同时，应注意病虫害的防治工作。

天然漆林是当前生漆生产的主要基地，由于多与其他树种混生，树龄和生长情况参差不齐，应及时进行抚育间伐，逐渐伐除影响漆树生长的杂灌木及生长不良的植株，每丛保留 1～2 株健壮的漆树。

经过多次割漆，树势生长已衰退的漆林，可进行萌芽更新，待其长到 30 cm 以上时，选留其中健壮者 1～2 株，经过抚育的漆树萌芽林，一般可比栽植的漆苗提早利用。

七、评价及经营建议

（1）漆树良种选育工作过去是以“选”为主，“选”和“引”都属于自然界现有基因资源的利用，但不可能满足人们所希望的各种优良类型，应重视漆树杂交育种的研究，培育一些比“大红袍”更为优越的新品种，加以繁殖推广。

（2）漆树的无性繁殖，历来依靠插根（埋根）需要挖掘大量母树的根条，不仅费工，且影响当年母树生长和产漆量。应积极研究漆树扦插育苗问题，提高扦插成活率，进一步推广嫁接方法，改良低产野生漆树，这对漆树良种选育的早期鉴定，缩短良种的选育期限，也有很大意义。

（3）近年来，陕西省已建立起一批生漆生产基地。应研究和总结营造单纯林和混交林的经验，探索适宜的混交树种、混交方式和能否组成稳定的生态系统。

天然森林采伐后，可利用伐根萌条培育成新林，但要及时定株和抚育。

（4）漆树既是重要的经济林木，也是优良的用材树种，应加强对天然漆林的管理，改革落后的割漆技术，实行绑架上树割漆，严禁在树干上钉木钉，注意控制割漆强度，掌握好轮割期，以达到合理地、长远地利用漆树资源。

（本文原载《陕西森林》，中国林业出版社，1989 年。）

漆树丰产栽培技术发展现状与趋势

一、前　言

漆树原产我国中部，在亚洲温暖湿润地区，包括中国大部分省(区)、印度北部喜马拉雅地区、朝鲜和日本都有普遍分布。欧美各国的漆树，则是1974年以后由我国引入栽培的。

我国为世界上漆树资源最丰富的国家，占世界漆树总资源80%以上。目前，我国除新疆、内蒙古、青海、黑龙江、吉林外，其他各省均有漆树自然分布，地理范围约相当于北纬21°~42°，东经90°~127°之间，包括我国22个省(区)市的500多个县。其中以陕西、湖北、四川、贵州、云南和甘肃6个省分布最多；主要集中在秦岭、大巴山、巫陵山、大娄山、乌蒙山和邛崃山一带，即环绕四川盆地四周的中低山区。这里漆树资源分布最多，种群的聚集度也最高，时以建群种或优势种出现，形成几十亩、几百亩或千亩以上的漆树林，在我国亚热带落叶阔叶森林植被类型中，占有不可忽视的位置。

陕西漆树资源十分丰富，约占全国总资源量的26%；生漆收购量以1979年为例约占全国的42.5%，生漆生产为全国之冠，占有举足轻重的地位。

二、国内外的发展状况和趋势

目前，世界上栽培漆树的国家不多，我国为生漆生产的主要国家，其他如泰国、越南、老挝、柬埔寨、缅甸和日本等国也生产少量生漆。在这些产漆国家中，越南、老挝、柬埔寨等国连年战争不断，漆树资源锐减，生漆产量大幅度下降，其栽培技术和生漆采割技术水平一般，并不比我国先进。

（一）国外现状

在国际市场上，生漆需要量最多和进口生漆量最大的国家为日本。日本生漆年消费量，二次世界大战以前曾达到4万担记录（每担50 kg），战后的1948年，消费量下降到3 280担，以后又有回升。目前年消费量在1万担左右。但随着合成树脂涂料和塑料工业的发展，日本人民使用漆器的传统习惯受到影响，因而今后若干年日本生漆的消费量估计不可能有大幅度的增长。

近年来，日本平均年产生漆只占消费量的1.2%，其余全靠国外进口。1975—1979年，日本生漆总进口量为4.29万担，平均每年进口8 580担。同期内共从我国进口生漆3.898万担，平均每年进口7 800担，占其总进口量的91%。

随着日本工业的发展，消费情况发生了很大的变化，生漆的用途和消费量也在发生变化。如漆器和神佛具，1950年用漆占总消费量的40%左右，1972年上升到80%；相反如纺织纱管，1950年用漆占28.69%，1960年后就以塑料代替，不再用漆。总的来说，从第二次世界大战爆发以来，日本生漆产量、进口量和消费量均属下降趋势。近几年来，相对稳定，估计今后不会有很大发展。

日本栽培漆树已有悠久历史，约在公元7世纪由我国引入，小面积栽培遍及日本各地。其东北地区的岩手、青森、秋田县比较集中，这三个县的产漆量约占全国一半左右。由于日本国土面积较小，在宜林地区也注意发展漆树，如日本最负盛名的漆器产地石川县轮岛市；1979年使用生漆约50 t，其中47 t由我国进口，本国仅供应3 t。为此，从1970年以来就重视种植漆树，由轮岛漆器商工业协同组合发起，招聘种漆专家，制定长期种植计划，到1981年共营造漆树75 hm^2，75 000株。

日本在漆树育苗造林技术方面与我国基本相似，如注意良种选育；在培育实生苗木中，为促进种子发芽，通常用60%硫酸或草木灰处理种子；分根育苗系从母树或幼苗根部采取种根，进行催芽和埋根。

日本对生漆的采收普遍使用“杀搔法”，即漆树长到 10~15 年时，在枝下部分满身割口，一次将漆尽量取完。然后把树砍掉，将直径 40 mm 以上的枝条截成长 1 m 左右的木段，一端插入水中浸泡 10 天左右，再在树枝上割口取出少量劣质漆。一株树枝可取漆 75 g。这种采漆方法是不经济的。

（二）国内发展现状

新中国成立以来，我国生漆的产量，收购量和出口量始终居世界首位，主要原因在于：

1. 我国有悠久的栽培历史

我国周代已有征收生漆林税的制度。《周礼》记载：“载师掌任土之法，……国宅无征，园廛二十而一，近郊十一，远郊二十而三，甸稍县都皆无过十二，惟漆林之征二十而五。”从当时税收制度看，漆林税最重。春秋战国时期，山东、河南已成为著名产漆区。《禹贡》记载：“兖州（今山东西北、河南东南、河南内黄延津以东）厥贡漆丝”，“豫州（今河南全境、山东西部、湖北北部）厥贡漆枲絺紵”。战国著名思想家庄周任“漆园吏”，足见对漆树经营之重视。汉代大面积营造人工漆林，《史记·货殖列传》记载：“陈夏千亩漆……此其人与千户侯等。”唐代大兴漆园，如著名诗人王维，在其辋川的庄园内，就设有漆园。《王右丞集》卷四有辋川集凡二十题，原序云：“余别业辋川山谷，其游止有……漆园、椒园等，与裴迪闲暇，各赋绝句云尔。”明代皇帝朱元璋于明初洪武年间，在南京市东郊建立皇家漆园。王焕镳《首都志》卷三记载：“洪武初，以造海军及防倭船，油漆棕榄，用费繁多，乃立三园，植棕、漆、桐树各 4 万株，以备用而省民供焉。”《本草纲目》记载：“漆树人多种之，以金州者为佳，故世称金漆。”金州系今陕西安康，历来是盛产生漆之地。

2. 我国有雄厚的漆树资源

我国生漆产量持续千年不衰，主要是有雄厚的漆树资源。目前，全国有 500 多个县有漆树的自然分布（不包括零星分布县）。据 1977 年统计，产生漆在5 000 kg以上的县近60个，详见表2-5。

表2-5 全国重点产漆县一览表

省/县/产量	100~500担	501~1000担	1001担以上
陕西省	留坝、商南、周至、南郑、凤县、太白、柞水、安康、旬阳、汉阴、镇安	紫阳、镇巴、镇坪、宁陕	岚皋、平利
湖北省	房县、竹山、巴东、宣恩、鹤峰、神农架	利川、恩施、建始、咸丰	竹溪
四川省	酉阳、平武、南江、彭水、武隆、叙永、古蔺、开县	巫溪、北川	城口
贵州省	赫章、纳雍、黔西、织金、桐梓、清镇、德江、务川	大方、毕节、金沙	
云南省	奕良、大关、威信	镇雄	
甘肃省	天水、康县		
河南省	西峡、卢氏		

20世纪70年代中期以来，我国生漆生产恢复发展较快，1979年全国生漆收购量达274万千克，为新中国成立以来的最高水平；20世纪80年代初，全国生漆产量稳定在250万千克以上，是世界上天然涂料的宝库。

3. 我国有众多的漆树优良类型和品种

在我国，由于漆树分布区的地貌、气候、土壤、植被等自然条件复杂，具多样性，经过长期的自然选择和人工选择，不仅出现了多种优良类型，还培育出了不少漆树品种。目前已鉴定的14个省的漆树品种就有97个，为我国生漆稳定生产和良种选育奠定了基础。

在漆树研究方面，我国已有一定的基础，早在20世纪30年代，我国著名林学家陈嵘已对漆树的形态、分布、生态、育苗和造林技术等方面进行了比较深入的调查研究，并对生漆生产和商业状况进行了较为系统的总结。

20世纪60年代中，陕西省林科所、湖北省林业厅等单位，在漆树良种繁育和育苗造林技术等方面开展了一些基础工作。20世纪70年代以来，我国漆树丰产栽培技术的研究进入一个新的发展时期。陕西省生物资源考察队、西北农学院林学系和陕西省土产公司协作，在漆树品种调查、育苗和增加流漆量的研究方面都取得了较好的成果；湖北、贵州等省在漆树种子育苗、病虫害防治等方面也做了不少工作；西北农学院和陕西省土产公司对中国漆的历史进行了初步的收集、考证和整理。在此期间，我国生漆主产省区的科研协作和交流已初具规模。为适应形势发展，西北农学院、陕西省生物资源考察队和陕西省土产公司联合组成了陕西省生漆科研办公室。

1977 年以来，我国生漆生产和科研战线形势越来越好，漆树科学研究工作发展较快。在西安生漆研究所的组织下，对全国 16 个省的漆树农家品种进行了调查研究，从 97 个品种中初选出优良品种 40 多个。西北大学和西安植物园对漆树的形态解剖和漆汁道分布状况方面进行了系统的研究。西北农学院和上海华东师大等单位在漆汁道的结构、长度和分布状况等方面也做了大量工作，为漆树品种分类和良种选育提供了微观指标。

漆树的种子育苗，如种子的处理与催芽已有较成熟的经验；分根育苗和苗根育苗，在陕西、湖北、贵州、四川等省区已普遍应用。漆树嫁接育苗 1976 年由西北农学院林学系试验成功，岚皋县生漆研究所又提高了一步。陕西省平利和岚皋县生漆研究所对漆树的造林密度、漆粮间作等进行了调查研究和试验工作。

漆树大面积丰产林的栽培试验，在陕西、湖北、贵州、四川、江西、福建等省区发展较快，如陕西省商南县近年来集中营造了 2 万余亩火焰子漆树丰产林。江西、福建两省近 10 年来，营造漆林约 38 万余亩。

漆树的飞机播种造林，从 20 世纪 70 年代中期以来，在陕西四川、贵州等省不断发展，仅陕西省林业勘察设计院飞播队先后在汉中、安康等地区进行漆树飞播造林达 80 多万亩，为人烟稀少、交通不便的深山区增添了大面积的漆树后继资源。

在漆树病虫害调查和防治方面，湖北和陕西做了不少工作，并进行了小面积的防治试验,有一定的效果。

我国采割生漆历史悠久,割漆技术较国外先进。20 世纪 70 年代以来,陕西、湖北、贵州等省重视割漆技术的调查研究和试验工作,取得了一定的效果。如陕西省推广“牛鼻型”割口,在利用刺激剂刺激生漆增产方面也取得了良好效果。

三、省内发展现状和分析

我省生漆质量优良,“陕西大木漆”“平利漆”在历史上久负盛名,安康生漆,驰名古今中外。据资料记载,在抗日战争时期,我省年产生漆约 80 万千克。陕西也是全国生漆产量最高的省,约占全国生漆收购总量的 40%以上。而秦巴山区的生漆产量又占全省生漆产量的 90%以上。1971—1980 年共收购生漆约 600 万千克,价值 1 亿多元。出口生漆 120 万多千克,换回外汇 8 100 多万元。收购漆蜡 1000 多万千克,价值 2 000 万元。陕西漆树的生产潜力为全国之冠。

20 世纪 70 年代以来,在商业和林业部门的共同努力下,人工漆林有较大的发展,新造漆林约 8 000 万株。1975 年以来,在汉中、宝鸡、安康、商洛等地人烟稀少、交通不便的深山区,飞机播种松漆混交林和漆树纯林约 80 多万亩。

在漆树研究方面,我省在国内占有一定的优势,主要表现在:

1. 从事漆树研究工作的单位较多,起步较早

20 世纪 60 年代初期,我省有关科研、教学和生产单位,选择漆树品种育苗和割漆技术等方面做了一些基础工作。20 世纪 70 年代初,又开展了漆树品种调查、育苗和增加流漆量的研究,为我省的生漆科研工作奠定了良好的基础。1977 年以来,我省生漆科研队伍的不断壮大,高等院校有西北林学院、西北大学、西北农林科技大学;科研单位有西安生漆研究所、西安植物园、陕西省林业勘察设计院、岚皋县生漆研究所、平利县生漆研究所;陕西省土产公司、安康、汉中、商洛、宝鸡等地县商业和林

业部门也抽出一些技术人员从事这方面的研究工作。全国比较而言,陕西省从事漆树丰产栽培技术方面研究的科技力量名列前茅。

2. 已经取得了一些成果

从20世纪70年代初以来,我省在漆树良种选育、品种调查,总结和推广种子育苗、分根育苗技术等方面都取得一定成效。嫁接苗的试验成功,为改造低产实生苗开辟了一条新路。在推广“牛鼻型”割口,利用刺激剂增加生漆产量和改进割漆技术方面也取得一定成效。由西北农学院林学系、陕西省生物资源考察队、陕西省土产公司和安康地区生漆科研协作组等单位协作进行的漆树品种调查“漆树育苗和增加流漆量”的研究成果,1978年获全国科学大会奖和陕西省科学大会奖。由西北农林科技大学、西安生漆研究所、西安植物园、西北大学等单位协作进行的漆树(包括历史、品种、漆汁道内容)综合研究成果,1980年获陕西省科技成果一等奖。

但是,我省在漆树丰产栽培技术的研究方面,仍存在不少薄弱环节,主要是对育种资源工作重视不够,没有规划和协调漆树基因资源的发掘、利用和保存方法的工作;组织培养还未突破,不利于良种的大面积繁殖推广。

在漆树引种工作中未重视检疫工作,病虫害扩散现象有所增长。抗病虫育种工作尚未开展。未强调种源选择。未弄清漆树的地理变异规律,引种工作中盲目性较大。

嫁接育苗未能广泛应用:扦插育苗成活率很低,未突破促进生根的难关。

育苗、造林整个作业机械化水平很低。对漆树立地条件类型未进行深入研究和划分,造林技术粗放。漆树飞播造林近10年来经济效果的调查和评价尚需深入。

割漆技术虽有一些改进,但改革步伐不大,仍未摆脱原始落后的局面。

四、今后的奋斗目标和主要技术政策

(一)陕西省漆树丰产栽培技术的初步奋斗目标

到2000年,建立起一套行之有效的良种繁殖方法,实现育苗、造林机械化和生漆采割技术现代化。1990年达到年产生漆3万担。2000年达到年产生漆5~6万担。

(二)主要技术政策

(1)营造漆树林的主要目的在于生产生漆,其次是生产油脂。另外,生产优质木材。因此,应因地制宜地发展不同类型的漆树林,进行合理经营,以达到生漆和油脂兼收或生漆和木材兼收的目的。

(2)在漆树适生区,选用优良漆树品种或类型,营造速生丰产林,采取集约经营,使在短时间内达到采收生漆的目的。要求在秦巴山区高山地带(海拔2 000 m左右)优良类型的野生漆树林投产年限不超过18年;中山区(海拔1 000 m以上)高八尺类、金州红漆树的投产年限为10~12年;低山区(海拔1 000 m以下)大红袍、高八尺、金州漆树的投产年限不超过8年。

(3)我省生漆产区县,相当数量的漆树资源,集中在国有林区。以宁陕、凤县、太白、佛坪等县为例,漆树中龄和幼龄林资源雄厚,是我省生漆持续而稳定生产的主要基地。要进行合理地抚育管理,国家应给予这些国有林场必要的财政补助。

为了避免掠夺式的采割和落后的采割技术导致漆树早衰和木材腐朽,并保护和合理利用漆树资源,应鼓励国有林场组织割漆专业队伍,制定科学的割漆生产制度,奖惩分明,有计划地组织生漆生产和漆林更新,以保证漆山常青,永续利用。

(4)以天然更新为主的高山漆林,是生漆、漆脂、木材综合利用的重要基地。国有林场应规划制定各林班的轮割期,要求间歇年不得少于

5 年,并应严格控制割漆强度,割面负荷率不得超过 40%,以保证漆林的合理利用。

(5)加速研究新的割漆方法,逐步淘汰目前生漆采割技术的原始落后状态,实现生漆采割技术现代化,以保证生漆生产的长期稳定性和节约利用漆树资源。

五、主要的科技任务

为了加速漆树速生丰产林的建设,并取得良好的经济效果,必须充分应用现代林业科技知识,根据具体情况采用集约的栽培技术措施。其主要的科技研究方向有以下几个方面:

(一)育种和引种

(1)选择良种

①天然漆林中蕴藏着大量的漆树优良类型。树皮漆汁道发达、生漆产量高、质量好,发掘和利用的潜力很大,选出优树或优良类型,通过比较、鉴定和繁殖,提高其遗传品质。

②选择优良的漆树天然林,由国家建立保护区,进行去劣疏伐,保证优树更新,以保存天然漆树基因资源。

③进行无性系选择育种,采用选择、无性系测定、种根圃或用于嫁接繁殖的采穗圃方式进行良种繁殖。

(2)引种培育研究

①选择良种优树建立种子园,以期生产更多的优良种子。对种子实行检疫制度,注明品种(类型)、种源采种年度、健康度和发芽力等。

②研究漆树的地理变异规律,弄清变异模式,选择适应性强的种源,为进一步划分种子区提供科学依据。

③注意抗病虫害育种工作,通过种源和个体选择,选出优良的抗性植株,繁育成无性系,进行鉴定和推广。

④开展漆树育种中的生化研究,如测定生漆中三烯漆酚的含量,用

以鉴定其地理变异或可能用来鉴定种源。同工酶在漆树育种中的研究也宜探索,它有助于了解生态因子对遗传结构的作用。

(二)育苗

1. 研究育苗技术机械化和化学化

从整地、开沟、播种(或排根)、施肥、管理到起苗基本实现机械化。除草在育苗中占有很大比重,采用以除草剂为主,手工和化学相结合的方法,以提高劳动生产率和苗木质量。

2. 重视插枝育苗的研究

主要研究难生根的原因,进行生长素和抑制剂含量的比较分析;观察不定根产生的部位;研究利用植物激素和化学物质促进生根的有效途径。

3. 推广嫁接育苗

以选择最优组合的杂种,提早开花结实,满足生产上对良种的需要;培养矮生粗干型漆树,解决割漆生产中的不安全问题;并对各种嫁接方法进行对比试验,提高嫁接成活率。

4. 发展容器育苗

逐步实现漆树播种育苗全过程机械化、工厂化。

(三)造林

1. 开展造林密度的研究

研究不同品种、不同造林密度与树冠发育、高、径生长、根系生长、树皮厚度及生漆产量之间的关系等,以确定不同立地条件下合理的造林密度。

2. 开展漆树人工林的研究

研究漆树纯林的特点(利与弊)、混交树种的选择、混交比例和混交方式,总结林农间作经验。

3. 开展漆树飞机播种造林的研究

总结十余年来漆树飞机播种造林的经验,进一步研究漆树飞播的宜林地;进行不同植被覆盖度及不同地类漆树飞播造林效果的调查研究;研究植被处理和种子处理技术,以及适宜的播种期和播种量等;进行飞播地的管理,封山育林效果及幼林生长情况调查等。

(四)病虫害防治

对漆树病虫害种类进行系统的调查和鉴定,深入研究对主要病虫害有效的化学防治和生物防治方法。

(五)漆林抚育的研究

进行不同立地条件类型、不同品种漆树林生长发育时期的研究;探索幼林期、速生期、树皮成熟投产期的抚育管理有效措施。

(六)生漆采割技术的研究

调查漆树资源的利用状况及不合理采割对漆树资源的破坏情况。研究改革传统的割漆技术,如割漆口型、排列方式。年割次数和割面负荷率,逐步淘汰现行的割漆口型和工具,控制割面负荷率,提高愈合率,延长漆树采割寿命。

(本文原载《陕西林业科技》,1987 年第 1 期)

漆树良种繁育——嫁接育苗

漆树品种较多,优劣不一,用种子繁殖变异性大,难以保持优良品种性状。为了推广良种,于1967年,我们在平利县吉阳供销社苗圃和岚皋县芳流公社进行了嫁接试验,取得了良好的效果。现将试验情况简报如下:

一、试验方法

采用丁字形芽接法,于6月下旬到7月中旬,进行嫁接。砧木选用1~2年生野漆树实生苗,接穗选用当地优良漆树品种(大红袍,高2.5 m)。其嫁接结果见表2-6:

从表中可看出,嫁接时期以7月中旬为宜。

表2-6 不同时间漆树苗嫁接成活情况

嫁接次序	日期	株数	成活数	死亡数	成活率(%)
第一次	6月12日	34	12	22	35
第二次	6月24日	60	23	37	38.6
第三次	7月4日	74	36	38	48.8
第四次	7月8日	197	152	45	77
第五次	7月9日	40	31	9	77
第六次	7月20日	112	83	29	74

嫁接操作步骤:

(一)选芽

选取无病虫害,生长旺盛的当年生枝条,再在这种枝条中上部选生长健壮、饱满的幼芽做接芽。

（二）削接芽

用芽接刀自芽下方 2 cm 处起刀，由浅及深向上推进，深达木质部 1/4~1/3，至芽上方 1 cm 处，再横切一刀，深及木质，一刀削成，削面光滑。

（三）选砧

选取地径为 1~2 cm，1~2 年生的实生漆苗做砧木。在砧木离地面约 9 cm 的光滑处，横切一口，切口长以芽片上方宽度为准。再从切口下边的中间垂直纵切一刀，长度与芽片长相等或略短些均可，然后用刀尖轻轻拨开接口。

（四）插接芽

将削好的接芽，剥下芽片，不带木质部，迅速插入接口中，轻轻向下推入，与芽上方横切口吻合为止，并使芽片紧贴砧木。

（五）绑扎

用塑料条绑扎接口。绑扎时，在芽下方缠三转，然后在芽上方缠两转打结。绑的松紧要均匀，勿使芽片拱起，并将芽片上叶柄外露（塑料带可用塑料薄膜剪成长 45 cm 宽 2 cm 的条子即可）。

二、接后管理

（一）成活检查

嫁接 10 天后，检查成活率。用手轻轻触动叶柄即脱落，说明已初步成活，一般 25 天后，即可解带松绑。

（二）剪砧

据初步试验观察，在接芽成活后，即可剪砧。或用环剥（将砧木的树皮在接芽上 3 cm 处,用刀剥切树皮一周)的方法处理,可促进接芽萌发。如在嫁接后一星期剪去砧木主干,22 天接芽抽条可长至 9 cm;12 天后剪去主干,50 天苗高可达 20 cm。

(三)抹芽

及时抹去砧木本身萌动的幼芽,可促进接芽愈合和生长。

(四)灌水、除草

在比较瘠薄的苗地里,天旱时要灌水、除草,除草要多拔少锄,漆树属浅根植物,多锄易伤苗根,灌水时,地里不要积水。

(五)病虫害防治

据初步观察,漆苗幼芽易受炭疽病、褐斑病的侵害,可用 500 倍的代森锌溶液,100 倍的退菌特溶液防治。发现蚜虫危害可用 1 000 倍的敌敌畏喷雾防治。

三、注意事项

(1)嫁接必须在晴天进行。这时植株蒸腾作用强,以利剥皮,成活率高。

(2)嫁接前要浇足底水,促进砧木形成层的活动,以利剥皮。合墒后即可嫁接。

(3)在嫁接时,取芽和插接芽时动作要快,避免因时间过长,芽片上漆汁氧化降低成活率。

(4)嫁接后的管理工作一定要跟上去,如管理不善或碰上过久的干旱天气,会使嫁接成活的植株因缺水或草荒而死。

(本文原载北京:《林业科技通讯》1978 年第 1 期)

下篇

生漆采收和检验

乙烯利刺激割漆初步试验

1974年，在省农林局、商业局的关怀和支持下，我们8个单位开展了社会主义大协作，组成三结合的科学实验小组，在平利县吉阳区仁河公社红星大队和五星大队进行了乙烯利刺激割漆试验，取得了一定效果。

一、乙烯利简介

乙烯是植物的一种内源激素，为植物细胞的一种正常代谢产物，广泛存在于植物体内。但乙烯是一种气体，在田间应用很不方便。1960年国外合成了一种能够释放乙烯的化学药剂，为乙烯的广泛应用提供了可能。1971年我国北京和上海有关单位协作，合成了这一新的植物刺激素，商品定名为乙烯利。

乙烯利化学名称为2-氯乙基磷酸，其化学式为$ClCH_2CH_2PO(OH)_2$，是一种酸性液体，可溶于水。常温时在酸性条件下（pH_3以下）比较稳定，酸性减弱（pH_4以上）则逐渐分解，同时缓慢放出乙烯（$CH_2=CH_2$）

$$ClCH_2CH_2-\overset{\overset{\displaystyle O}{\|}}{\underset{\underset{\displaystyle O^-}{|}}{P}}-OH+OH^- \rightarrow CH_2=CH_2+Cl^-+\overset{\overset{\displaystyle O}{\|}}{\underset{\underset{\displaystyle O^-}{|}}{P}}(OH)_2$$

由于一般植物组织中细胞液的pH在4.1以上，乙烯利进入植物体内就会分解放出乙烯而发挥作用。

二、试验方法

（一）试验区基本条件

1974年6月，我们在仁河公社红星2队设立了试验基点，在五星2队和4队设立2个副点。试验区立地条件和漆树树龄、胸径基本一致（表3-1）。

表 3-1　仁河公社红星二队乙烯利试验区漆树概况

单株号/胸径及割口/浓度	对照		2%		4%		8%		20%	
	胸径	割口数	胸径	割口数	胸径	割口数	胸径	割口数	胸径	割口数
1	14.0	1	14	1	12	1*	14	1	11	2*
2	14.0	1	14	1	13	1	15	1	13	1*
3	12.0	1	18.5	2	12	1	12	1*	9	3
4	13.0	1	15	1	15.5	1	13.5	1	15	3*
5	12.5	1	3	1	12.5	1	14	1*	16	2
6	11.5	1	15	1	11	1	15	1*	15	3*
7	15.5	2	12.5	1	17	1	14	1*	12	2*
8	12.0	1	11	1	15	2	17	2*	14	2*
9	13.0	1	15	1	15	2	15	1*	13	2*
10	13.0	1	12	1	16	1	13.5	1	19	2*
11	12.0	1	12.5	1	15	1	12.5	1*	12	1
12	16.0	2	18	2	11.5	1	11.5	1*	11	1
13	14.0	1	13	2	10.5	1	12	1*	11	1
14	15.5	1	10	1	16	1	12	2	10	1
15	16.0	1*	14	1	12.5	1*	14	1	12	2*
16	17.5	2	12	1	13	1*	15	1	11	1
17	16.0	1	15	1	16	2	17	1	13	2
18	11.0	1	13	1	11	2	15.5	1	10	1*
19	14.0	1	13	1	13	1*	17.5	2*	20	3
20	16.0	2	12.5	1	12	1*	16	I		
各组平均胸径	14.0		13.7		13.5		14.3		13	
各组割口数		24		23		24		23		35

（二）乙烯利处理方法

将试验区 99 株漆树分作 5 组，用 2%、4%、8%、20%的乙烯利水溶液处理，并设立对照。除 20%处理，因条件限制，株数为 19 株外，其他处理均为 20 株。

处理方法：①7 月 1 日在割口部位涂刷乙烯利水剂；②7 月 8 日刮去漆树粗皮，进行环状喷涂；③最后改为 7 月 21 日和 8 月 7 日两次在树干基部打孔注入乙烯利水剂。

（三）割漆方法

割漆采用平利县常规的“V 字形”割漆法。

各处理分组收漆，分组称量，分组鉴定。

三、乙烯利促进割漆增产效果

从 7 月 14 月～8 月 30 日，共割漆 10 刀。以对照为 100%计算总产漆量增长率，2%处理为 53%，4%处理为 59%，8%处理为 93%（20%处理每株割口数较多，总增产率比较没有意义）。每一割口产漆量增长率，2%处理为 60%，4%处理为 62%，8%处理为 113%，20%处理为 77%（表 3-2）。

表 3-2　乙烯利增产效果　（红星二队）

各试验组			乙烯利浓度（%）	各试验组每刀产漆量										各组产量（市两）	总增产百分率（%）	每割口平均产漆量（市两）	割口增产率（%）
株数	平均胸径（cm）	割口数		7月14日	7月20日	7月25日	7月30日	8月4日	8月9日	8月14日	8月19日	8月24日	8月30日				
20	14.0	24	对照	1.1	1.0	1.5	1.3	2.0	2.1	0.9	2.1	1.0	1.3	14.3	100	0.45	100
20	13.7	23	2	1.2	1.8	2.4	2.3	3.5	2.4	2.6	2.5	1.9	1.4	22.0	1.53	0.72	160
20	13.5	24	2	1.3	1.6	2.3	2.2	3.7	2.4	2.3	2.6	2.1	2.3	22.8	159	0.73	162
20	14.3	23	8	1.4	1.7	2.3	2.6	4.3	3.2	3.1	3.5	2.8	2.7	27.6	193	0.99	213
19	13.0	37	20	–	–	–	2.8	4.4	3.8	3.7	5.1	4.6	3.6	28.0		0.80	177

四、乙烯利处理后生漆质量的鉴定

1974 年 9 月，我们对乙烯利处理后生漆的质量作了常规鉴定。结果证明，用 10%左右乙烯利处理后，生漆质量正常。用 20%的浓度处理后，小木漆混合区和大红袍区生漆含水率略有增加，除大红袍生漆转艳较差外，其他指标均正常（表 3-3）。因此，用 10%左右乙烯利水剂处理比较合适。

表 3-3 乙烯利处理后生漆的质量指标

试验组别 \ 鉴定项目	煎盘分数(%)	颜色	浓度	转艳	丝路及回缩力	米心及沙路	干燥时间	干后光度
小木(混)试验区								
对照组	79	深黄	高	快	较细长、较强	多、明显	2小时30分	光亮
2%处理组	79	中黄	高	快	较细长、较强	多、明显	2小时30分	光亮
4%处理组	79	中黄	高	较快	一般、一般	多、明显	2小时30分	光亮
8%处理组	77	中黄	较高	较快	一般、较强	多、明显	2小时30分	光亮
20%处理组	77	老黄	中等	正常	细长、一般	一般、明显	2小时30分	光亮
大红袍试验区								
对照组	83	老黄	中等	正常	细长、较强	稀少、一般	3小时	一般
10%处理组	83	老黄	中等	正常	细长、一般	稀少、一般	3小时	一般
20%处理组	79	老黄	中等	稍差	细长、一般	稀少、一般	3小时	一般
高八尺试验区								
对照组	80	红黄	很高	特快	细长、强	多、明显	1小时40分	光亮
12%处理组	80	红黄	高	特快	细长、强	多、明显	1小时50分	光亮

由于我们才开始试验,必然有不完备的地方,还需要在今后的继续实践中去修正和完善。但是,这一良好的开端希望在我国产漆区引起普遍重视,进一步试验推广。

利用乙烯利刺激割漆增产试验三年总结

我国的国防军工、化工、造船、石油、矿山、纺织、印染等工业正在迅速向前发展,生产规模不断扩大,生漆的需要量也日益剧增。随着我国外交关系的不断扩大,生漆的援外出口任务也不断扩大。

但是,目前生漆生产的技术水平,仍然采用的是几千年留下的原始割漆方法。漆农劳动强度大,生产效率低,而且对漆农的身体健康有着一定的影响。群众中广泛流传的一句话"百里千刀一斤漆",就是艰苦割漆过程的真实写照。

为了迅速改变落后的生产状况,提高劳动生产率,适应社会主义建设飞速发展的需求,供销系统的广大职工,跳出业务圈子,和生产紧密结合,开展了群众性的利用乙烯利刺激割漆增产试验的科学研究工作。

从 1973 年起,省农林局、科技局、商业局正式将生漆生产科研工作,列为全省重点科研项目之一,并责成西北农林科技大学,陕西省生物资源考察队,省土产公司成立了陕西省生漆科研办公室。采取了专业研究与群众实践相结合的方法,实行漆农、干部、科技人员和生产、科研、使用两个三结合。自 1974 年以来,由人民公社、林业、商业、科研和教学单位组成了省、地、县、社、队五结合的科学实验班子,开展了社会主义大协作。

三年来,我省生漆战线在利用乙烯利刺激割漆方面取得了可喜的成绩。1974 年,试验仅有两个地区(安康、商洛)的两个县(平利、商南县),1975 年就扩大到三个地区(加宝鸡)7 个县(加岚皋、凤县、宝鸡、太白、陇县),共为 336 个点。到 1976 年,全省发展到六个地区(加汉中、咸阳、渭南），新发展的县有镇坪、紫阳、南郑、镇巴、韩城、户县（今西安市鄠邑区），共为640个点。

特别是两个生漆主产县——岚皋、平利对这一试验十分重视。连年来，县政府均具体研究发出通知，县委亲自挂帅，举办全县性的乙烯利应用学习班，广泛开展群众性多点试验活动。

岚皋县在1975年全县参加试验的公社有21个，共203个点，1976年扩大到32个公社，360个点。

平利县1975年全县参加试验的有113个点，到1976年发展到332个点，规模较去年增加了两倍以上。

安康地区土产公司，平利、岚皋县商业局和县土产公司，对这一试验十分重视，满腔热情的支持这一工作，他们协同西北农学院，平利县仁河公社、普济公社、岚皋县芳流公社坚持蹲点搞试验，试验效果良好（见表3-4、3-5、3-6）。

表3-4 红星村试验区乙烯利试验结果

各试验组			乙烯利浓度(%)	各试验组每刀产漆量(市两)										各组总漆量(市两)	增产百分率(%)	每割口平均产漆量(市两)	割品增产百分率(%)
株数	平均胸径(cm)	割口数		7月14日	7月20日	7月25日	7月30日	8月4日	8月9日	8月14日	8月19日	8月24日	8月30日				
20	14.0	24	对照	1.1	1.0	1.5	1.3	2.0	2.1	0.9	2.1	1.0	1.3	14.3	100	0.45	
20	13.7	23	2	1.2	1.8	2.4	2.3	3.5	2.4	2.6	2.5	1.9	1.4	22.0	153	0.72	60
20	13.5	24	4	1.3	1.6	2.3	2.2	3.7	2.4	2.3	2.6	2.1	2.3	22.8	159	0.73	62
20	14.3	23	8	1.4	1.7	2.3	2.6	4.3	3.2	3.1	3.5	2.8	2.7	27.6	193	0.99	120
20	13.0	37	20	—	—	—	3.0	4.5	4.0	3.9	5.3	4.8	4.0	29.5		0.80	78

注：* 为计算方便起见，将原为19株的20%组按每刀平均产漆量，改算为20株。

* * 每割口平均产漆量系从7月30日开始计算。

表 3-5　平利县普济公社长胜队乙烯利试验结果

组别	试验株数	树龄	平均胸围(cm)	刀口数	药前产量(斤)				药后产漆量(斤)																			增产率以口为基(%)
					一刀	二刀	累计	平均口产(两)	三刀	四刀	五刀	六刀	七刀	八刀	九刀	十刀	十一刀	十二刀	十三刀	十四刀	十五刀	十六刀	十七刀	十八刀	十九刀	累计	平均口产量(两)	
对照组	77	17	58.7	181	0.80	1.45	2.25	0.124	1.75	1.85	3.43	2.35	2.30	2.50	2.55	2.50	1.94	2.20	1.82	1.84	1.62	1.87	1.85	1.27	0.72	34.36	L90	
处理组	%	17	59	178	0.70	1.40	2.10	0.118	1.70	2.45	4.20	2.90	2.90	3.10	2.90	2.90	2.55	2.80	2.12	2.33	1.71	1.77	1.84	1.84	0.70	39.88	2.34	18.9
日期一				5/7	11/7			15/7	19/7	23/7	27/7	31/7	4/8	10/8	14/8	18/8	22/8	26/8	30/8	86/9	23/9	16/9	4/10	8/10				

表 3-6　岚皋县芳流公社用百分之十的浓度试验组

株数	平均胸径(CM)	树龄	割口数	茬数	编组	每刀收漆量(市两)											累计产量	增产%
						第一次处理 七月一日				第二次处理 八月三日				第三次处理 八月三十日				
						5 日 7 月	13 7	17 7	1 8	7 8	13 8	20 8	26 8	31 8	7 8	15 9		
15	14.7	16	57	3	对照	2.2	4.0	4.5	6.5	7.0	6.0	6.0	6.0	5.5	6.5	5.5	59.7	
15	14.6	16	57	3	处理	3.8	6.5	6.5	9.8	10.5	9.3	85	9.0	8.5	10.5	9.5	92.4	54.8

商洛地区农副公司,商南县农副公司也十分重视此项工作,他们协同省生物资源考察队,在商南县龙窝公社开展了试验,效果良好(见表3-7、3-8)。

表3-7 百分之十五的乙烯利凡士林剂对割漆的增产效果

产量(克)/割漆刀次	对照组	涂药组	
	割漆量(两)	割漆量(两)	比对照增产(%)
涂药前一刀(16日/6月)	1.5	1.8	0
药后第一刀(20/6)	3.8	5.4	22.1
二(22/6)	2.7	4.4	43.0
三(25/6)	5.5	5.5	*
四(28/6)	6.0	11.8	76.7
五(1/7)	6.8	13.7	81.5
六(4/7)	9.6	17.6	63.3
七(10/7)	10.0	18.5	65.0
八(13/7)	12.0	17.5	25.8
九(16/7)	15.0	23.5	36.7
十(19/7)	15.0	23.0	33.3
十一(25/7)	19.0	25.0	11.6
十二(31/7)	25.0	28.0	—
12刀累计	130.4	193.9	28.7

注:(1)6月18日涂药。

*此刀发现涂药组1株皮未割好影响了漆流量。

表3-8 不同浓度乙烯利和方法刺激割漆增产效果

项目/试验内容	试验时间	刀数		产漆量(市斤)		增产率
		试验前	试验后	试验前	试验后	
15%乙烯利水剂孔注组	11/7—28/8	2	15	2.0	32.35	27.56
对照组	12/7—30/8	2	15	2.6	29.05	
15%乙烯利水剂涂抹组	12/7—30/8	5	10	7.4	15.8	14.71
对照组	14/7—1/9	5	10	9.0	16.3	
10%乙烯利水剂孔注组	12/7—30/8	2	15	2.3	29.85	27.28

续表

项目 试验内容	试验时间	刀数		产漆量(市斤)		增产率
		试验前	试验后	试验前	试验后	
对照组	13/7—31/8	2	15	4.4	37.9	
10%乙烯利水剂涂抹组	2/7—20/8	6	10	4.2	10.7	7.28
对照组	4/7—22/8	6	10	5.9	13.7	
5%乙烯利水剂孔注组	11/7—1/9	3	15	2.7	27.45	34.28
对照组	13/7—3/9	3	15	6.8	37.1	
5%.乙烯利水剂涂抹组	13/7—31/8	7	10	10.1	12.5	6.76
对照组	14/7—1/9	7	10	13	14.8	

注:以对照组为基础计算增产百分率

宝鸡市农副公司领导重视,闯字开路,艰苦奋斗,1975—1976 连续两年坚持在秦岭高寒区开展多项目的乙烯利试验,同样取得了良好的效果(见表 3-9、3-10)。

表 3-9　凤县黄牛铺公社国有林区乙烯利割漆增产试验表(1975 年)

组别/项目	株数	平均围径(cm)	今年割口数	全年割刀数	乙烯利浓度(%)	产漆量(市斤)	平均口产漆量(两)	增产率以口为基(%)
对照组	90	67	481	7	—	18.25	0.38	
第一组	90	58	481	7	10	21.70	0.45	18.4
第二组	90	59	481	7	15	21.25	0.44	15.8
第三组	90	62	470	7	20	25.30	0.54	42.1

表 3-10　凤县黄牛铺公社秦岭大队乙烯利割漆增产试验表(1976 年)

组别	株数	平均胸径(cm)	全年割口数	药前产量(两)				药后产漆量(两)								增产率以口为基(%)
				一刀	二刀	累计	平均口产	三刀	四刀	五刀	六刀	七刀	八刀	累计	平均口产	
对照	30	15.3	120	0.4	0.5	0.9	0.008	0.5	0.6	0.6	0.65	0.7	0.4	3.45	0.03	
处理(8%)油剂	30	16.2	120	0.4	0.7	1.1	0.009	1.05	0.8	0.75	0.95	1.0	0.2	4.75	0.04	30.8
割漆日期				7.5	7.12	-	-	7.19	7.26	8.2	8.12	8.19	8.20	-	-	-

更为可喜的是,1976 年咸阳地区的户县、汉中地区的南郑、镇巴县,宝鸡地区的凤县,渭南地区的韩城市,安康地区的镇坪,紫阳县的广大商业职工,自力更生地开展了乙烯利的应用试验。他们扎根基层,依靠广大群众,解放思想,科学求实,严肃认真地进行了详细观察记录,在他们的努力下,乙烯利试验也取得了良好的效果(见表 3-11、3-12、3-13)。

表 3-11 镇巴县兴隆公社铜钱坪乙烯利试验情况表

组别	株数	开口数	施药时间	采割刀数	产量(斤)	增产率(%)
对照组	40	345		6	10.4	
第一组	40	340	第三刀	6	15.5	49.0
第二组	40	340	第三刀	6	14.3	37.5

注:乙烯利浓度为 8%。

表 3-12 紫阳县太月公社保安五队野生大木漆乙烯利试验情况表

组别	株数	围径(cm)	今年开口数	今年割刀数	产量(斤)	增产率(%)
对照组	69	60	245	5	11.7	
处理组	69	58	245	5	15.7	34.2

注:乙烯利浓度为 8%。涂药时间为 8 月 8 日。

表 3-13 凤县红光公社乙烯利油剂增产试验对比表

<table>
<tr><th rowspan="2">组别</th><th rowspan="2">株数</th><th rowspan="2">平均胸围(cm)</th><th rowspan="2">今年割口数</th><th colspan="3">药前产漆量(斤)</th><th colspan="8">药后产漆量(斤)</th><th rowspan="2">增产率以口为基(%)</th></tr>
<tr><th>一轮刀</th><th>平均口产</th><th>二轮刀</th><th>三轮刀</th><th>四轮刀</th><th>五轮刀</th><th>六轮刀</th><th>七轮刀</th><th>八轮刀</th><th>累计</th><th>平均口产</th></tr>
<tr><td>对照</td><td>10</td><td>72.4</td><td>120</td><td>0.44</td><td>0.004</td><td>0.68</td><td>0.60</td><td>0.50</td><td>0.63</td><td>0.63</td><td>0.90</td><td>0.59</td><td>4.53</td><td>0.038</td><td></td></tr>
<tr><td>处理</td><td>10</td><td>87.3</td><td>120</td><td>0.75</td><td>0.006</td><td>0.80</td><td>0.90</td><td>0.75</td><td>0.92</td><td>0.80</td><td>1.22</td><td>0.93</td><td>6.32</td><td>0.053</td><td>26.3</td></tr>
</table>

三年来,我们开展了不同浓度的对比,不同注药部位的对比(皮下、木质部、根部、树干的上、中、下),不同施药方法的对比(洞注、涂抹、皮下注),不同剂型的对比(油剂、水剂)和质量鉴定的试验。

通过三年的反复实践,对于利用乙烯利刺激割漆增产试验有了以下几点认识:

(1)增产效果明显,一般增产幅度为 20%以上。

(2)适宜浓度不超过 8%,火焰子,山混子可降为 5%,适宜剂量,水剂为每株 1~2 mm,油剂为每株 5 g(一钱)。

(3)施药的适宜部位和方法,无论是水,油剂和洞注,涂抹,都必须在割口的正下方,树干的基部。涂抹法较好,省工,方便。

(4)施药适宜时间,小木漆一般施两次药,第一次在割三刀后进行即初伏时,第二次在割十一遍刀后进行即末伏时。大木漆因割漆季节短,因此施一次药即可,一般在割一遍刀后进行。

(5)对生漆质量无影响,三年来参加试验的广大漆农,有的割了一辈子漆,对识别生漆质量的好坏有着丰富的经验,他们在试验中自割,自收、自验,一致认为经过乙烯利处理后采收的生漆质量良好。

我们对几个点上的生漆进行了综合鉴定,并送往有关专业单位进行鉴定,质量良好(见表 3-14~3-17)。

表 3-14　平利县仁河公社三个试验区生漆质量鉴定表

鉴定项目 试验组别	煎盘分数(%)	颜色	浓度	转艳	丝路及回缩力	米心及沙路	干燥时间	干后光度
小木(混)试验区								
对照组	79	深黄	高	快	较细长、较强	多、明显	2 小时 30 分	光亮
2%处理组	79	中黄	高	快	较细长、较强	多、明显	2 小时 30 分	光亮
4%处理组	79	中黄	高	较快	一般、一般	多、明显	2 小时 30 分	光亮
8%处理组	77	中黄	较高	较快	一般、较强	多、明显	2 小时 30 分	光亮
20%处理组	77	老黄	中等	正常	细长、一般	一般、明显	2 小时 30 分	光亮
大红袍试验区								
对照组	83	老黄	中等	正常	细长、较强	稀少、一般	3 小时	一般
10%处理组	83	老黄	中等	正常	细长、一般	稀少、一般	3 小时	一般
20%处理组	79	老黄	中等	稍差	细长、一般	稀少、一般	3 小时	一般
高八尺试验区								
对照组	80	红黄	很高	特快	细长、强	多、明显	1 小时 40 分	光亮
12%处理组	80	红黄	高	特快	细长、强	多、明显	1 小时 50 分	光亮
家生大木单株 40%处理	71	红黄	很高	特快	一般、特强	多、极明显	2 小时	光亮

表 3-15 凤县秦岭三队试验点生漆质量鉴定表

鉴定项目	试验级别	煎盘分数	颜色	转色	浓度	丝路	干燥时间	干后光度	备注
割口上洞注	1%、1ml	85%	米黄	快	稀	细长、回缩力强	1 小时 30 分钟	亮	1% 1ml 试验组生漆分数偏高,因检验之漆同为第六刀所采收。 生漆涂板干燥时间的测定,气温为 9℃,大气相对湿度为 95%
	3%、1ml	72%	"	"	"	细长、回缩力强	1 小时 40 分钟	"	
	5%、1.5ml	66%	"	较快	较稠	细长、回缩力较强	2 小时 10 分钟	较亮	
	8%、2ml	66%	黄	快	较稀	细长、回缩力较强	2 小时 20 分钟	中等	
	23%、2ml	71%	老黄	"	中等	细长、回缩力较强	2 小时	"	
	28%、1ml	71%	"	"	"	细长、回缩力强	2 小时	"	
	对照组	76%	"	中等	"	细长、回缩力较强	2 小时 50 分钟	"	
	8%、2ml	72%	淡黄	快	稀	细长、回缩力强	1 小时 50 分钟	"	
	23%、2ml	72%	老黄	中等	较稀	较细长、回缩力较强	1 小时 40 分钟	亮	
	对照组	75%	土黄	"	中等	较细长、回缩力较强	1 小时 40 分钟	中等	

表 3-16 凤县红光公社么弯三队试验点利用乙烯利刺激生漆分数对表

	项目/刀次	一刀	二刀	三刀	四刀	五刀	六刀	七刀	八刀
	天气	阴	晴	晴	晴	晴	阴	晴	阴
甲一组	产量(斤)	0.31	0.46	0.47	0.58	0.56	0.74	0.66	0.58
	分数(%)	67	68	70	75	75	75	76.	71
对照组一	产量(斤)	0.22	0.43	0.42	0.50	0.39	0.58	0.50	0.48
	分数(%)	61	62	69	70	79	72	73	71

表 3-17　陕西平利生漆性能分析测试情况表

项目/数据/品种	乙烯利处理漆	对照漆	备注
固体含量	86.00%	87.50%	15℃一小时烘烤
漆酚	80.25%	82.00%	二甲苯法
胶质	4.25%	3.75%	"
含氮物	1.5%	1.75%	"
干燥性能	3.5~4	1.5~2	小时 23℃相对湿度 80%
冲击强度	≦ 20	≦ 20	厘米·千克
弯曲	3	3	毫米
附着力	3	3	级、划圈法
硬度	≧ 0.56	≧ 0.56	漆膜值/玻璃值
加工应用	良	良	指一般对生漆的精制、混合应用
硝酸 31%	耐	耐	涂漆二道样板、室温、浸 60 天
盐酸 37%	"	"	同上
硫酸 47%	"	"	同上
硫酸 66%	"	"	同上
氨水 25%	"	"	同上
二甲苯丁醇各 50%	"	"	同上

(6)对漆树生长无影响,经过连年的观察试验,经过乙烯利处理后,无论是漆树的高生长和径生长都无影响,漆树生长旺盛健壮。

经过三年来的连续试验,利用乙烯利刺激割漆已基本成功,但还需要进一步调查研究,总结提高,扩大推广,向深度和广度进军。提高生漆生产科研工作的技术水平,为支援社会主义建设,实现四个现代化做出更大贡献。

(本文原载《陕西生漆》1977 年第 2 期)

利用乙烯利刺激割漆简明技术要点

一、乙烯利使用范围

已割一茬以上，土质肥厚、立地条件较好的漆树，使用效果较好。刚开刀幼树及遭病虫危害严重的树，不宜使用。

二、配药

1. 使用浓度

实践证明，使用8%以下浓度增产效果较好，且无副作用。个别的小木漆品种和土质瘠薄长期天旱时，使用浓度可酌情降低到4%~5%为宜。洞注可比涂抹稍低一些。

2. 配药

配药的关键是原药用量要准确，现将配制8%和5%的用药比例分别列表如下：

表3-18　配制5%乙烯利水剂计算表

要配的量（市斤）	需40%原药量（市斤）	加水量（市斤）
1	0.13	0.87
2	0.25	1.75
3	0.38	2.62
4	0.50	3.50
5	0.63	4.37
6	0.75	5.25
7	0.88	6.12
8	1.00	7.00
9	1.13	8.87
10	1.25	9.75

表 3-19　配制 8%乙烯利水剂计算表

要配的量(市斤)	需 40%原药量(市斤)	加水量(市斤)
0.5	0.1	0.4
1.0	0.2	0.8
2.0	0.4	1.6
3.0	0.6	2.4
4.0	0.8	3.2
5.0	1.0	4.0
6.0	1.2	4.8
7.0	1.4	5.6
8.0	1.6	6.4
9.0	1.8	7.2
10.0	2.0	8.0

三、注药量和注药方法

1. 涂抹法

在割口正下方距割口一尺以上,轻轻刮去长 10 cm 宽 2 cm 的粗皮,以不伤青皮为度,用棕丝一束,涂抹水剂约 2 ml(在刮面上往返一次即可)。

2. 洞注法

在割口正下方的树干基部,用抓钉打洞注药(倾斜 45°角),树干胸径在 20 cm 以下的打一个洞,20 cm 以上的大树打两个洞,每洞注水剂 1~2 mm(灌满刚好)。

以上两种方法,可根据各地不同情况,因地制宜。

四、打药时间和次数

打药时间在初伏时(7 月中旬)开始,此时漆树生长旺盛,割漆已快进入红潮,打药才能使上劲。高寒山区大木漆割漆季节较短,第一遍刀后打药一次即可。中低山小木漆割漆季节较长,割完三遍刀后打药,每月

1次。

五、打药天气

选择晴天打药,一般打药5~8小时后,药效就基本稳定了,这个时间内如不遇暴雨,就不用补打药。

六、注意问题

(1)合理地应用乙烯利,关键在把好“三关”,即“打药时间不要早,浓度要配准,剂量要拿稳”,产量质量才能有保证。应注意宣传把好这“三关”。

乙烯利是刺激剂,割漆增产有道理。
合理使用乙烯利,三个关键要注意;
打药时间不要早,初伏施药刚刚好;
配药浓度须牢记,百分之八较适宜;
施药剂量更重要,两个毫升不算低;
把好三关能增产,掌握科学多割漆。

(2)使用乙烯利后,割漆不能“狠”,开口要合理,推广牛鼻型。

(3)乙烯利对人虽无毒性,但对皮肤、衣服、金属用具有腐蚀性,配药和使用时也要当心。

本文原载《陕西生漆》1977年第2期

乙烯利刺激生漆增产的研究

生漆是从漆树皮割取的漆液，也称国漆或大漆，是我国著名特产。生漆的应用，在我国已有四千多年的历史，曾以“涂料之王”著称于世。过去生漆主要用作木器和建筑材料的涂料，以及漆制美术工艺品；近代已广泛用于国防军工、化工、纺织、矿山、石油、机电和轻工等各部门。为了提高生漆产量，1973 年以来，我们和有关单位协作，在我省重点产漆地区设试验点（于 1974 年设 3 个试验点，1975 年设 320 个试验点，1976 年设 600 多个试验点）进行乙烯利刺激生漆增产的试验研究，获得了良好的效果。

“乙烯”是植物细胞的一种代谢产物，对植物的生命活动起着一定的调节作用。20 世纪 70 年代初，我国上海植物生理研究所等单位，人工合成乙烯释放剂——“乙烯利”。这是一种新的植物刺激素，其化学名称是 2-氯乙基磷酸，化学式为 $ClCH_2CH_2PO(OH)_2$。

乙烯利是一种酸性液体，可溶于水，常温时在酸性条件下（pH3 以下）比较稳定，酸性减弱（pH4 以上）则逐渐分解，同时缓慢放出乙烯（$CH_2=CH_2$）。由于一般植物组织中细胞液的 pH 在 4. 1 以上，乙烯利进入植物内就分解放出乙烯而发挥作用。

一、材料和方法

（一）供试材料

漆树（*Rhus Vemiciflua* Stokes）。

（二）试验项目

乙烯利浓度，乙烯利剂型，以及合理的涂药时间和涂药方法等。

（三）选定试验区

选择立地条件（土壤、小气候等）基本相同，割漆的茬数相同，胸高直径差异不大的同龄、同地方品种的漆树，分组进行对比试验。

（四）割漆和涂药方法

按照当地常规“V形”或“画眉眼形”割口，割面宽略小于1/2树围。海拔1 500 m以上高寒山区，每隔8天左右采割一次，海拔800 m以下低山地区，每隔5天左右采割一次。当天分组收漆，分组称量，分组测定加热减量值（煎盘法）。

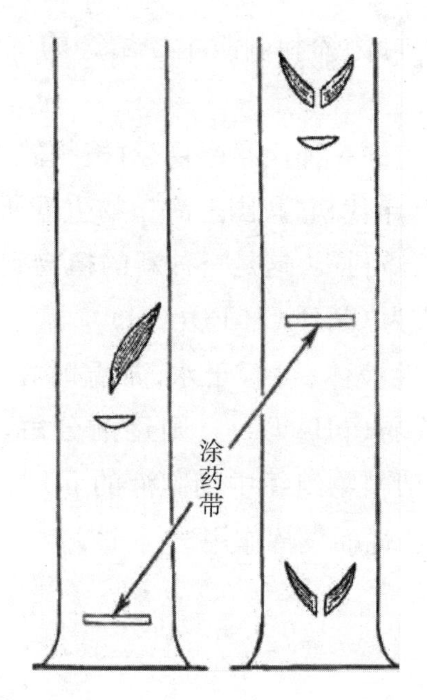

图3-1 涂施乙烯利的部位

涂药方法，分皮部涂抹法和孔注法两种。前者是在割口正下方树干基部处用刮刀轻轻刮去宽约1~2 cm与割口等长的粗皮，注意勿伤及青皮，将水剂1~2 mm或油剂（漆籽油作载体）3~5 g均匀地涂在刮面上（见图3-1）。后者是用抓钉在割面正下方树干基部处打孔，注入药剂，然后用黏性黄土封口。

乙烯利处理后生漆质量的鉴定,除邀请我省有经验的验漆专家进行现场常规检验外,在上海长征造漆厂国漆车间和兰州涂料工业研究所的协助下,进行了进一步的分析和应用性能鉴定。我们对生漆中漆酚的化学成分用薄层层析法也进行了初步的对比分析。

二、试验情况和结果

(一)不同浓度乙烯利对生漆产量的影响

1974 年,我们在安康地区平利县仁河公社红星二队设置了试验区,该区为人工培植的 10 年生漆林,1972 年已采割第一茬,轮歇一年。在割漆旺季分别用 2%、4%、8%乙烯利处理漆树,共割 10 次,试验结果见表 3-20。

表 3-20　平利县仁河公社红星二队乙烯利试验结果(1974 年)

各试验组			乙烯利浓度(%)	各试验组每刀产漆量										各组总产漆量(g)	总增产百分率(%)
株数	平均胸径(cm)	割口数		7月14日	7月20日	7月25日	7月30日	7月4日	7月9日	8月14日	8月19日	8月240	8月30日		
20	14.0	24	对照	55	50	75	65	100	105	45	105	50	65	715	100
20	13.7	23	2	60	90	120	115	175	120	130	125	95	70	1100	153
20	13.5	24	4	65	80	115	110	185	120	115	130	105	115	1140	159
20	14.3	23	8	70	85	115	130	215	160	155	175	140	135	1380	193

从以上试验结果可见,在产漆量高峰期,利用 2%、4%和 8%的乙烯利处理漆树,均有增产效果,但以 8%的浓度增产最为显著。

为了进一步了解乙烯利刺激生漆增产的特点和规律,1975 年,我们继续在平利县普济公社长胜二队设置试验区。该试验区为人工培植的 16~17 年生的漆林,已割过四茬漆。由于割漆技术不良,割口配置不合理,韧皮部破坏较多,故漆树生长并不旺盛。考虑到自然因子对增产幅度的影响,除严格注意对比条件外,还注意了各对比组施用乙烯利前的产漆量基数。试验结果见表 3-21。

表 3-21 平利县普济公社长胜二队乙烯利试验结果(1975 年)

各试验组				注药次数和乙烯利浓度(%)		注药前两刀产漆量(kg)	注药后十七刀产漆量(kg)	增产百分率(%)
组别	株数	平均胸径(cm)	割口数(个)	一次	二次			
甲对照组	77	18.7	181	—	—	1.13	17.18	
甲处理组	76	18.8	178	8	7	1.05	19.94	17.20
乙对照组	51	20.4	153	—	—	1.10	17.23	
乙处理组	52	20.1	153	8	7	1.13	21.67	25.23

* 增产计算(%)=[处理区处理后产量-对照区处理后产量/对照区处理后产量×对照区处理前产量/处理区处理前产量]×100

该试验区漆树,虽由于过去割漆技术不良的影响,生长势较差,但试验结果表明,用 7%~8%的乙烯利处理,仍有增产效果,增产幅度在 17%~25%之间。

高浓度试验区,设在宝鸡地区凤县黄牛铺秦岭国有林区。该试验区系天然次生漆林,海拔 1 600 m 左右。分别用 10%、15%、20%乙烯利处理,试验结果见表 3-22。

表 3-22 秦岭国有林试验区乙烯利试验结果(1975 年)

各试验组			乙烯利浓度(%)	各试验组每刀产漆量(kg)							总组总产漆量(kg)	增产百分率(%)
株数	平均胸径(cm)	割口数		一刀	二刀	三刀	四刀	五刀	六刀	七刀		
90	21.3	481	对照	0.98	1.05	1.20	1.58	1.25	1.43	1.65	9.13	
90	18.5	481	10	1.05	1.43	1.70	1.35	1.85	1.63	1.85	10.85	18.9
90	18.8	481	15	0.98	1.55	1.40	1.30	1.70	1.70	2.00	10.63	16.4
90	19.7	470	20	1.45	1.53	1.90	1.60	2.00	2.00	2.68	12.65	38.6

注:20%浓度处理组平均胸径较其他处理组大,立地条件也较好。

上列各高浓度处理组，虽均有增产效果，特别是20%处理组，由于立地条件较好和平均胸径较大，增产也明显。但试验过程中发现，该试验区各处理组普遍出现大量的黄叶和落叶现象；同时，生漆质量也普遍下降，表现在生漆中水分含量增加，生漆的煎盘分数（加热减量值）明显降低，详见表3-23。

表3-23　高浓度乙烯利处理对生漆煎盘分数（加热减量值）的影响

刀次/每刀煎盘数（%）/	10%		15%		20%	
试验级别/乙烯利浓度	对照组	处理组	对照组	处理组	对照组	处理组
一刀	63	50	63	50	63	47
二刀	65	52	65	53	65	53
三刀	65	55	65	63	65	63
四刀	67	70	67	67	67	64
五刀	75	69	75	66	75.	65
六刀	75	70	75	69	75	67
七刀	73	67	73	70	73	68

注：“煎盘”系我国传统检验生漆质量的工具之一。

上列测定结果表明，随着乙烯利浓度的升高，生漆的质量（加热减量值）也随之下降，而以20%处理组最为显著。

上述试验结果表明，乙烯利浓度在2%至20%范围内，对漆液的分泌均有促进作用，但以8%左右的浓度最为适宜。

（二）乙烯利的剂型

我们做了水剂和油剂对比，油剂载体的选择，根据材料来源（最好能就地取材），附着力强，对漆树皮有保护作用等原则，确定用漆树种子油为载体，并按比例将漆籽油和乙烯利充分搅匀配成所需的浓度。

1976年，在平利县仁河公社原试验区内，选取生长基本一致的漆树120株，分为油剂组和水剂组，每组60株。涂药前割漆2次，水剂组收漆

1.25 kg,油剂组收漆 0.83 kg。然后分别涂药,涂药后共割漆 15 次,水剂组收漆 14.5 kg,油剂组收漆 15.1 kg。油剂组较水剂组增产 6.27%,两组生漆产量变化情况见图 3-2。

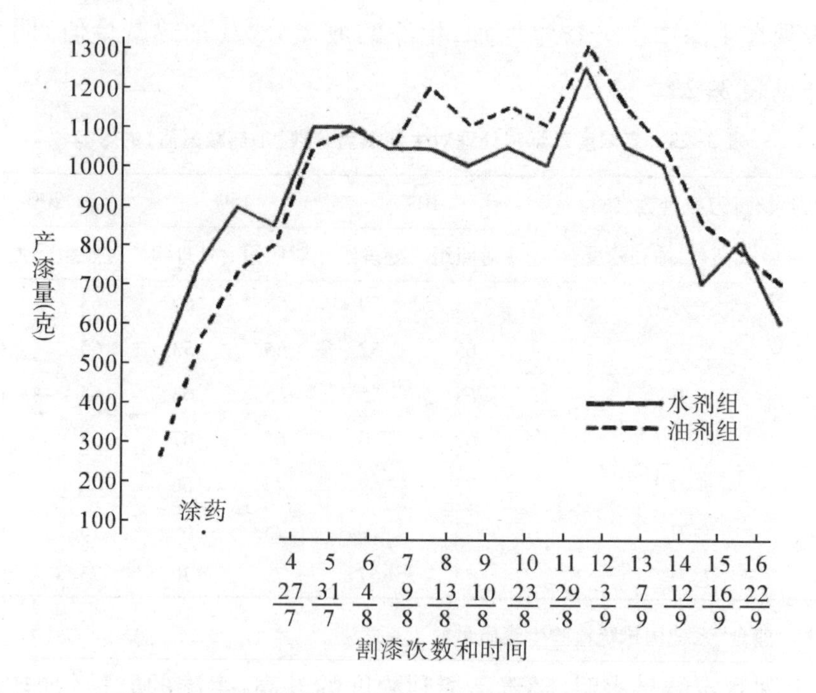

图 3-2　乙烯利水剂和油剂与生漆产量的关系(1976 年)

从图 3-2 可以看出,涂药前,水剂组较油剂组产漆量基数略高。涂药后,水剂组前期产漆量较油剂组明显上升,但中期后不如油剂组稳定,呈下降趋势而低于油剂组。

试验结果还表明油剂附着力强,耐雨水冲刷,药效稳定,凡有条件的地区均可采用。但水剂成本低,只要配制时注意掌握好浓度标准,防止在大雨前涂药,也可达到较好的效果。

(三)合理的涂药时间和年涂药次数

在整个割漆季节里,漆液的分泌量与气温成正比。生漆产量的变化呈抛物线状。以平利县普济公社长胜二队试验区乙试验组为例(该试验区的基本情况详见表3-21),该试验组共割漆19次,割收第二次漆后开始涂药,割收第十一次漆后第二次涂药。从1975年7月1日放水(只割口不收漆)开始,至10月9日割收末次漆为止,历时100天。产漆量随季节变化的情况详见图3-3。

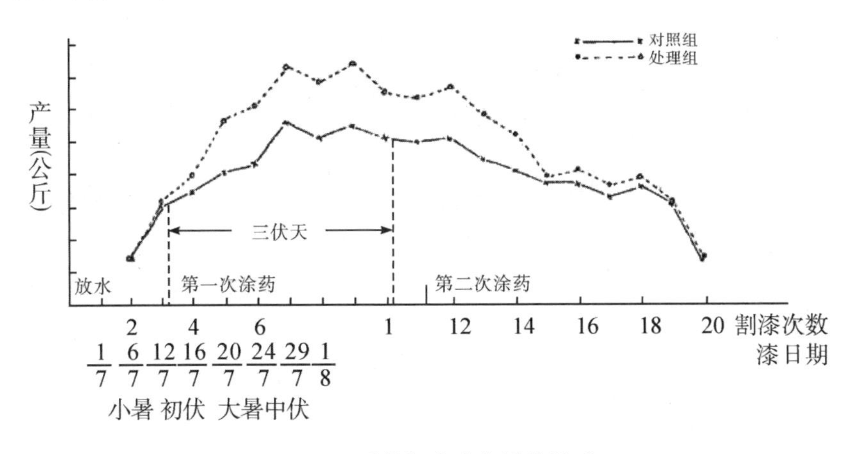

图3-3　季节与生漆产量的关系

从图3-3可见,对照组与处理组在涂药前割收生漆2次,产漆量基数相似。当处理组在入伏时(7月12日)涂药后,产量明显上升,始终高于对照组。处暑前(8月16日)第二次涂药后,增产效果渐低;处暑后乙烯利的作用已不明显。

试验结果表明,合理的涂药时间,宜在漆树生长旺盛期,即进入初伏产漆盛期。在整个割漆季节里,施用一次乙烯利为宜。

综合上述试验结果说明,掌握乙烯利的浓度、剂量和涂药时间是保证生漆稳产高产的重要环节。

(四)乙烯利处理后生漆质量的鉴定

关于天然漆质量的检验方法,目前主要采用煎盘和物理感观的办法。

表 3-24 平利县仁河公社乙烯利试验区生漆质量鉴定表

试验组别/鉴定项目	前盘分数（%）	颜色	浓度	转艳	丝路及回缩力	米心及沙路	干燥时间	干后光度
小木（混）试验区								
对照组	79	深黄	高	快	较细长、较强	多、明显	2 小时 30 分	光亮
2%处理组	79	中黄	高	快	较细长、较强	多、明显	2 小时 30 分	光亮
4%处理组	79	中黄	高	较快	一般、一般	多、明显	2 小时 30 分	光亮
8%处理组	77	中黄	较高	较快	一般、较强	多、明显	2 小时 30 分	光亮
20%处理组	77	老黄	中等	正常	细长、一般	一般、明显	2 小时 30 分	光亮
大红袍试验区								
对照组	83	老黄	中等	正常	细长、较强	稀少、一般	3 小时	一般
10%处理组	83	老黄	中等	正常	细长、一般	稀少、一般	3 小时	一般
20%处理组	79	老黄	中等	稍差	细长、一般	稀少、一般	3 小时	一般
高八尺试验区								
对照组	80	红黄	很高	特快	细长、强	多、明显	1 小时 40 分	光亮
12%处理组	80	红黄	高	特快	细长、强	多、明显	1 小时 50 分	光亮

1974 年 9 月，我们在平利县仁河乡乙烯利试验区现场，进行了生漆质量的鉴定，结果详见表 3-24。

鉴定结果认为：乙烯利处理后，对生漆的煎盘分数（加热减量值）、性状和干燥时间均无明显影响。

1976 年和 1977 年 4 月，我们和上海长征造漆厂国漆车间协作，对平利县乙烯利试验区的生漆性能又进行了鉴定,结果详见表3-25。

表3-25　乙烯利生漆鉴定表(1976年)

鉴定项目	方法、条件	测试数据(%)	
		对照漆	乙烯利漆
生漆的化学组分			
固体含量	150℃、一小时烘烤	87.50	86.00
漆酚含量	二甲苯法	82.00	80.25
胶质含量	二甲苯法	3.75	4.25
含氮物	二甲苯法	1.75	1.50
生漆的加工应用性能	指一般生漆的精制、混合应用	良好	良好
漆膜的机械性能			
附着力(级)	划圈法	3	3
冲击强度	燃化部部颁标准	≦20	≦20
柔韧性(mm)	燃化部部颁标准	3	3
硬度(漆膜值/玻璃值)	燃化部部颁标准	≧0.56	≧0.56
漆膜耐化学腐蚀性能	涂漆二道样板、室温60天		
硝酸(31%)	涂漆二道样板、室温60天	稳定	稳定
盐酸(37%)	涂漆二道样板、室温60天	稳定	稳定
硫酸(47%)	涂漆二道样板、室温60天	稳定	稳定
硫酸(66%)	涂漆二道样板、室温60天	稳定	稳定
氨水(25%)	涂漆二道样板、室温60天	稳定	稳定
二甲苯—丁醇各(50%)	涂漆二道样板、室温60天	稳定	稳定

1977年9月至1978年1月,在兰州涂料工业研究所的协助下对秦岭试验区的生漆质量进行了分析鉴定,结果如下:

1. 机械性能鉴定

鉴定内容	对照漆	乙烯利处理漆
冲击强度	10	10
柔韧性	5	5
附着力(级)	5~6	6~7

注:以上系在马口铁板上涂刷,干燥24小时后测得。

2. 干燥时间的测定

干燥时间(30℃,相对湿度 90%以上)	对照漆	乙烯利处理漆
表干(小时)	8	8
实干(小时)	20	20

注:从干燥上看两者无明显差别,乙烯利处理漆在 20 小时测定,略有干燥不爽之感,但已干燥。

3. 红外吸收光谱分析(详见图 3-4 光谱图)。

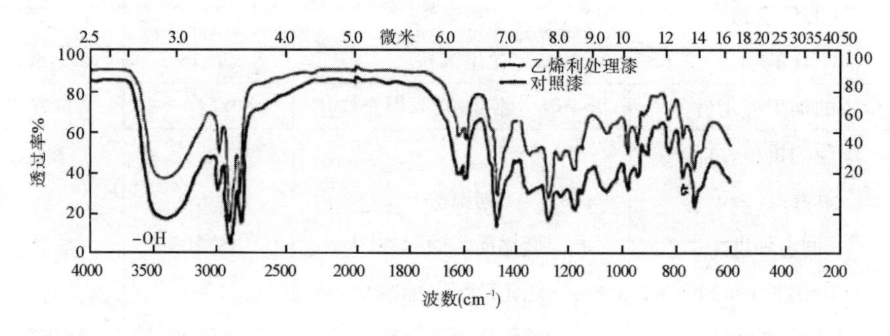

图 3-4 光谱图

分析结果:从光谱图上看,对照漆和乙烯利处理漆没有差别。

我们用薄层分析法对生漆中漆酚的化学成分进行的鉴定也证明,乙烯利处理漆和对照漆无明显差异。

三、结论

(1)利用乙烯利处理漆树,对生漆增产有明显效果,增产幅度一般在 20%~30%。

(2)在高大漆树上施用乙烯利的浓度,以 8%左右为宜。施用剂量:水剂 1~2 ml,油剂 5 g 左右。用皮部涂抹法较省工,也不伤树。涂药带的长度,根据树干胸围的大小和割口数量而定。生长在立地条件差的漆树,或当割漆季节气候比较干旱时,施用的浓度应适当降低。

(3)涂药部位视割面位置而定。低割面可在割口正下方树干基部处涂药;割面较高时,可在树干胸高处涂药,较适宜。

(4)涂药时间宜在初伏时(7 月中旬)进行。此时,漆树已进入光合作用盛期,积累多,产漆潜力大。

(5)合理地应用乙烯利,掌握好乙烯利的浓度、剂量和涂药时间,对生漆的化学组分、漆膜的干燥性能、物理机械性能和防化学腐蚀性能等,均无明显影响。

几年来,我们在平利县的定位观察证明,只要合理地应用乙烯利,对漆树的正常生长发育无明显影响。各处理组物候期正常,高生长与直径生长无显著差异。

(本文原载《中国林业科学》1978 年第 4 期)

生漆、生漆检验

生漆

一、概述

(一)生漆的利用历史

我国应用生漆作为保护和装饰建筑物以及生活用具的天然涂料,早在七千年前就有记载。在《韩非子·十过篇》和《说苑》等古籍中,载有我国虞夏时代把漆器作为食器和祭器的情况。1978 年在浙江余姚(现为余姚市)县的河姆渡挖掘的距今七千年的原始社会遗址中,发掘出一个造型美观的漆碗,足见我国应用生漆历史之悠久。明代著名漆工黄成,总结历史髹漆技术精华,写成《髹漆录》一书,是我国仅存的一部比较完整的具有总结性的古代漆工专著。

我国漆器和髹漆技术很早就传到国外,日本、朝鲜、蒙古等东亚国家,缅甸、印度、孟加拉国、柬埔寨、泰国以及中亚、西亚各国都在汉、唐、宋时期从我国传入了漆器和油漆技术,形成亚洲各国一门独特的手工艺行业。后经波斯人、阿拉伯人和中亚细亚人传到欧洲,深受世界各国人民的欢迎。

我国近代的漆器美术工艺品,继承了历代漆器的优点,创造了新的工艺特色,技艺精湛,誉满中外。

(二)生漆在国民经济中的作用

长期以来,生漆主要作为涂料,应用于民间家具,棺椁、器皿食具、古代建筑的涂装和美术工艺制品等方面。随着科学的进步,生漆及其改性制品以它独特优异的性能,在工业、农业、国防等方面都得到了广泛的应用。

生漆在工业上的应用，以纺织印染工业应用较早，木制纱管上涂以生漆配制的各种色漆光滑耐磨，防潮使之不变形，经久耐用；印花机上的主要部件之一——印花板，用生漆涂刷不仅耐磨，且防止各种染料的腐蚀。1978年陕西省纺织器材研究所与武汉国漆厂协作，将生漆精制涂料涂在塑料染色管上，代替不锈钢染色管试验成功，成本降低4/5，又可节约大量不锈钢材。在化学工业方面，许多化工设备如氯碱生产设备、电化厂的饱和食盐水槽，发电厂的脱氧器等，采用生漆精制及改性漆料后都不同程度地解决了防腐蚀问题。在石油工业上，开采出的原油都含有一定量的硫化物，不论是输油管、贮油罐和加工设备，易遭受腐蚀，采用生漆改性涂料后，显著地提高了设备利用率。将"漆酚硅"涂料涂在喷油管壁内，防止管壁结蜡阻塞喷油管，提高了劳动生产率。随着我国对地热能源的开发利用，生漆涂料在电力工业方面的应用也在扩大。例如西藏地热发电的大型水轮发电机组，所用的涂料要求耐高温、抗腐蚀，经过试验，只有生漆的精制和改性涂料性能最好。

生漆在农业建设中也发挥了重要作用，化肥厂的关键性设备，如煤气管道，脱硫塔，再生塔、水洗塔等，用一般的合成涂料，使用寿命不足半年，用生漆改性涂料后大大延长了使用时间，有的设备已使用10年以上。农用机械如喷雾器内壁，施用生漆改性涂料后，能抗腐蚀，延长使用寿命。

在国防工业中，生漆的用途很广，是舰艇船底漆的优良涂料。由于它的优良抗油性和抗腐蚀性，又是航空油库的理想涂料。生漆漆膜具有优良的绝缘性和一定的防辐射性能，又是海底电缆和某些辐射试验研究设备的良好涂料。

随着"四化"建设的发展生漆的利用将显得更加重要。

二、生漆的化学成分及其氧化成膜机理

(一)生漆的化学成分

其主要成分是:漆酚、漆酶、树胶质、水分和少量其他有机物质。各种成分的含量,随漆树品种、生长环境、采集时期而不同。我国生漆中各种成分的含量:

漆酚	55~80%
含氮物(包括漆酶)	1.2%~5.5%
树胶质	4%~7%
水分	15%~30%
其他有机物	少量

1. 漆酚

漆酚不溶于水,能溶于乙醇、丙酮、苯、二甲苯、三氯甲烷等有机溶剂及植物油中。它是具有 15~17 个碳原子的不同不饱和度的长侧链邻苯二酚的混合物。它不仅具有芳烃化合物的特性,还兼有脂肪族化合物的特性。据美国、日本和国内近年来的研究认为:我国、日本、朝鲜漆树(*Toxicodendron vemicifluum*)所产漆的漆酚(Urushiol),主要是由以下四种成分组成的混合物。

OH
OH
R

(1)$R=-(CH_2)_{14}CH_3$ 饱和漆酚

(2)$R=-(CH_2)_7CH:CH(CH_2)_5CH_3$ 单烯漆酚

(3)$R=-(CH_2)_7CH:CHCH_2CH:CH(CH_2)_2CH_3$ 双烯漆酚

(4)$R=-(CH_2)_7CH:CHCH_2CH:CHCH:CHCH_3$ 三烯漆酚

其中(1)为固体,熔点 58~59℃,(2)、(3)、(4)为液体,其折光率

(n_D^{25})分别为 1.4940,1.5030 和 1.5225~1.5230.

蒋丽金等从国产生漆的粗漆酚样品中,分离得到另一个三烯成分(5),其结构如下:

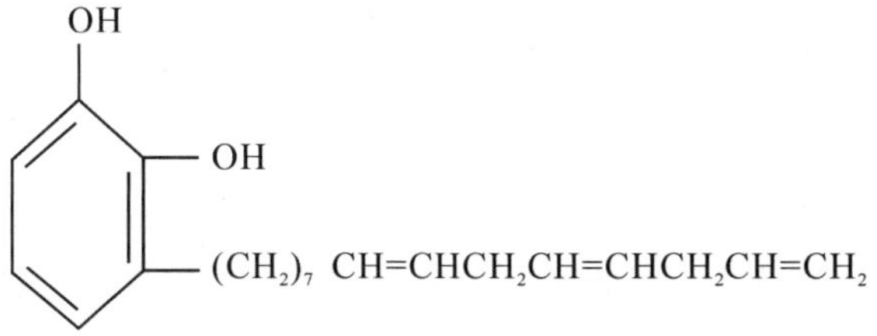

OH

OH

$(CH_2)_7$ $CH=CHCH_2CH=CHCH_2CH=CH_2$

这一成分与美国哥伦比亚大学化学系 C. R. Dawson 教授从毒常春藤(*Rhustoxicodendron*)中分离得到的一个三烯成分一样,侧链上具有末端双键,折光率(n_D^{25})为 1.5175。

另外还发现侧链为 C_{17} 的化合物,含有四烯漆酚,其量甚少。不同地区和种类所产生漆,漆酚的结构有明显差异。如我国台湾地区和越南、日本的一种漆树(*Toxicodendron succedaneum*)所产生漆的漆酚称为虫漆酚(Laccol),其化学式为:

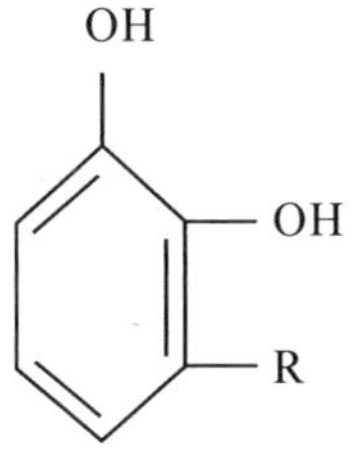

OH

OH　$R=-C_{17}H_{35}$　饱和漆酚

R　$R=(CH_2)_9CH=CH(CH_2)_5CH_3$　单烯漆酚

泰国、缅甸、柬埔寨等国的漆树(如 *Melanorrhoea usitata*)所产生漆的漆酚称为锡蔡酚(Thitshiol)其化学式为:

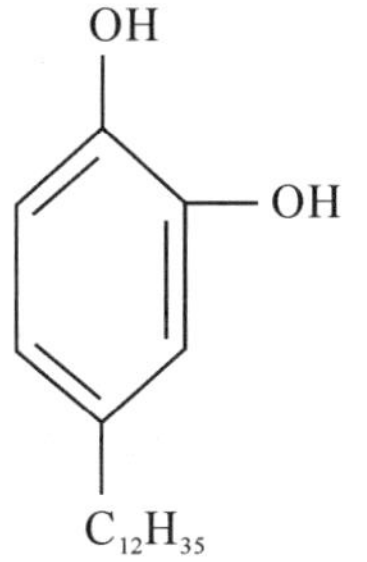

OH

OH

$C_{12}H_{35}$

研究结果表明,国产生漆中的漆酚和日本、朝鲜的相同,都是具有饱和程度不同的15个碳原子长侧链的邻苯二酚衍生物的混合物。其中各个组成部分的含量,可能随着漆树的品种生长环境等不同而有差异。国产漆的漆酚中,三烯漆酚(4)是主要成分,含量在50%以上,且具有独特的共轭双键结构。由此可见,生漆中三烯漆酚的含量与生漆的干燥性能关系极为密切,对生漆质量有重要影响。

2. 漆酶和含氮物

漆酶存在于生漆的含氮物中,在苹果、马铃薯、甜菜及一些真菌中也有发现。

漆酶的结构国外研究较多,早在1883年,就发现生漆中一种对热敏感的物质,能促使生漆变色并结膜硬化,后给予漆酶的名称。从生漆中分离得到的漆酶是一种含铜的糖蛋白,分子中约有55%是由各种不同的氨基酸所组成,经测定有:天冬氨酸、苏氨酸、丝氨酸、谷氨酸、脯氨酸、甘氨酸、丙氨酸、缬氨酸、半胱氨酸、蛋氨酸、酪氨酸、苯基丙氨酸、氨基酰胺、赖氨酸、组氨酸、精氨酸、色氨酸等18种。还含有20%糖类,20%己糖胺。分子量由$1.2\times10^5 \sim 1.41\times10^5$,每个漆酶分子中含有4个正二价的铜离子。

漆酶不溶于乙醇、苯等有机溶剂,溶于漆酚,微溶于水。纯漆酶溶液呈蓝色,其吸收光谱在614 nm和280 nm有最大吸收,相应克分子吸收系数为5 700,93 500。

漆酶是一种多元酚氧化酶,它能促进邻位和对位二元酚的氧化,对单元酚不起作用。这种特性正是与漆酚的氧化要求相符合的。据中国科学院应用化学研究所研究,新鲜国产生漆中的漆酶,活性都较高,而漆酶的活性与底料的种类和浓度有密切关系。当用邻苯二酚作底料时,如漆酶浓度一定,则漆酶的活性(吸氧ul/hr/mg酶)随着底料浓度的增加而逐渐升高;但到达一定数值后,漆酶的活性又随底料浓度的增加而下降。当用对苯二酚作底料时,漆酶的活性随底料浓度的增加而升高,达最高活性后,底料浓度增加,漆酶活性不再变化。美国学者指出:漆酶活性增加至一定数值后又逐渐降低的现象是由于氧化产物使漆酶钝化的原因。

反应介质的 pH,对于漆酶的活性有一定影响。据多数研究者认为:在不同的反应介质中,漆酶的活性有不同的最适宜的 pH 要求。一般当反应介质 pH 为 6~7 时,漆酶活性最高,pH 低于或高于 7,活性都显著降低。特别是在碱性介质中,漆酶的活性随着 pH 的增大迅速减小;在强碱性介质中几乎无活性。

我国的传统经验是生漆需要在一定温度下(20~40℃)和一定相对湿度范围内(70%~80%)才易于干燥;过冷过热的环境都不利于生漆的干燥。说明温度和湿度对于漆酶的活性都有很大的影响。实验证明:当温度为 40℃左右,相对湿度为 80%时,漆酶活性最大。同时,生漆在漆酶的催化氧化作用下,干燥最快。

生漆中的含氮物一般把漆酶也包括在内,含氮物除漆酶外无生物活性,它不溶于乙醇、乙醚等有机溶剂,也不溶于水。含氮物在生漆中的作用、成分与结构尚待研究。

3. 水分

生漆中水分含量的多少与漆树的品种、类型、生长环境有关,而且也与割漆技术和时间有关,我国生漆的含水率一般在 10%~30%。

生漆中的水分是形成乳胶漆的主要成分之一,也是生漆在自然干燥过程中,漆酶催化氧化漆酚成膜的必要条件,即使在精制漆中,含水量也须保持 4%~6%,否则干燥成膜困难。

4. 树胶质

生漆中的树胶质是不溶于有机溶剂而溶于水的多聚糖类物质。从天然漆中分离出来的树胶质呈黄白色透明状,且具有树胶的清香味。水解后用柱层析分离水解液中各个组成部分,经鉴定有半乳糖、阿拉伯糖、木质糖、鼠李糖、半乳糖醛酸、葡萄糖醛酸。其中半乳糖醛酸与葡萄糖醛酸的含量比为 1∶4,此外还含有一个氨基糖。

一般说来,我国野生漆中含胶质量较高,长期栽培的农家品种含胶质量少。据初步研究,树胶质可能与生漆成膜后的附着力有关,同时与生漆干燥性能也有重要关系。日本学者研究认为,生漆在氧化成膜过程中,漆酚与树胶质之间产生了相互作用。树胶质还是一种很好的悬浮剂和稳定剂,能使天然漆中各主要成分(包括水分)成为稳定分散的乳胶液。

5. 其他物质

生漆中还含有少量的其他有机物质,其中有油分约占1%,还有甘露糖、葡萄糖和少量乙酸。近来还发现含有烷烃化合物,台湾产生漆中还分离出微量二黄烷酮化合物。

(二)生漆氧化成膜机理

从漆树上割取的生漆一接触空气就呈红褐色,随着时间的推移逐渐变黑,数小时至数十小时,表面干固硬化生成漆膜。生漆在常温下自然干燥,其氧化聚合成膜的过程是十分复杂的生物物理化学过程。据国内外学者研究,初步认为生漆氧化成膜的机理是:

1. 漆酚醌的生成

在漆酶的催化氧化作用下,漆酚被氧化成邻苯醌。

$$\text{漆酚} + 2Cu^{++} \rightarrow 2Cu^{+} + \text{邻苯醌} + 2H^{+}$$

(漆酶氧化态) (漆酶还原态)

$$2Cu^{+}(\text{漆酶还原态}) + \frac{1}{2}O_2 + 2H^{+} \longrightarrow 2Cu^{++}(\text{氧化态}) + H_2O$$

这一反应进行十分迅速,在割漆生产中可以明显地看到,刚割下的漆由乳白色很快表面就变为红棕色;或检验生漆时,搅动漆液,出现“转艳”,“虎斑色”,也是由于邻苯醌生成。

2. 二聚体的生成

由于漆酶的进一步作用,漆酚醌和三烯漆酚之间发生脱氢偶合反应,生成漆酚二聚体。

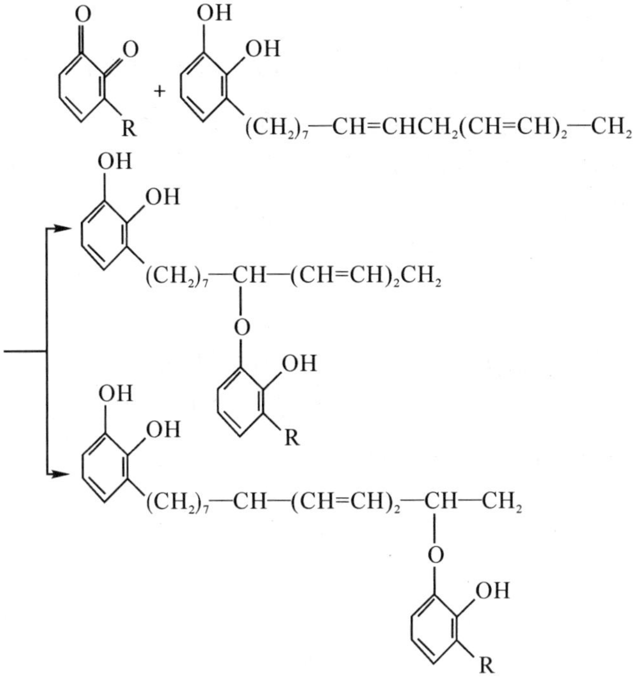

另一方面,在漆酚存在下,还可生成3,4,3′,4′,-四羟基-5,5′,-二-十五烯基联苯。

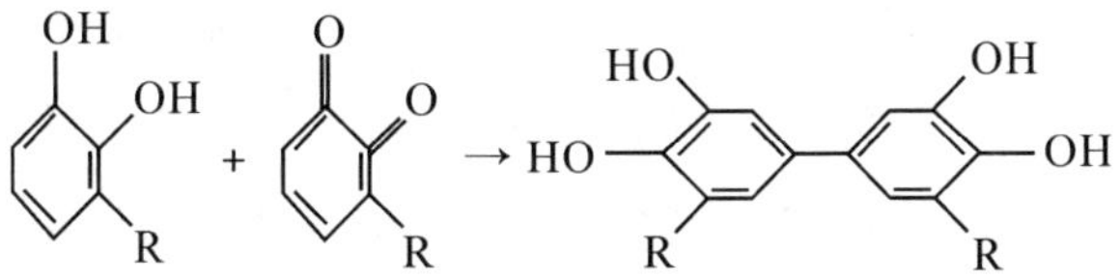

在此阶段中,漆的颜色由红棕渐转为褐色。

3. 漆酚多聚体的生成

漆酚多聚体的生成是成膜的第三阶段。这是由于漆酚二聚体再与漆酚醌作用,如此连续反应便生成了漆酚多聚体。在此阶段中漆的颜色由褐色变为深褐色。

4. 长链或网状高分子化合物的生成

漆酚多聚体中侧链被氧化,通过氧化键联成网状高分子化合物。侧链的氧化聚合方式与一般干油性的聚合方式相同,漆的颜色也由深褐色变成黑色,黏度也增高。

5. 空间体型高聚物的生成

漆酚中三烯漆酚含量较高,因此在前几个阶段氧化聚合反映的基础上,进一步形成三度空间体型结构的高聚物而固化成膜。

综上所述,生漆氧化干燥的机理是相当复杂的。对于生漆氧化干燥过程中的化学转化及氧化产物的详细结构,尚须进一步研究。

三、生漆的采割

采割漆技术是栽培漆树的一个主要目的,割漆既是一种生产生漆的手段,也是合理经营漆树的重要环节之一。割漆不当,轻者影响漆树生产,重者造成死亡,因此应重视割漆技术。

(一)漆树皮的微观结构

漆汁道是漆树皮中贮存生漆的分泌结构。它是一种椭圆形或近圆形的孔道,其直径一般为70~220 μm,四周被一层分泌细胞所包围,分泌细胞外围又由2~3层小型薄壁细胞组成的鞘所包围。从树皮的径向和切向(弦向)纵切面观察,漆汁道呈长形的腔道,其延伸方向和茎干的长轴方向近乎平行。在腔道的两侧,可以明显地看到分泌细胞和薄壁细胞鞘。同时,有些漆汁道还产生分支。从纵切面看,漆汁道虽然大多数与茎干长轴方向近乎平行,但是也产生一些弯曲和聚集现象,这是由于次生韧皮部在发育过程中其他各类细胞生长速度的不同而引起挤压,以及石细胞群的出现而引起的。

漆汁道不仅存在于茎的次生韧皮部中,在茎的初生结构以及根、茎、叶、花、果实的维管束中都有分布。但是真正有利用价值的是茎内韧皮部中的漆汁道(见图3-6)。

次生韧皮部是由轴向系统和射线系统两部分组成的。轴向系统包括筛管、伴胞、韧皮薄壁组织、石细胞和漆汁道等。射线系统由横向射线细胞组成。漆汁道分散在射线之间,自内向外呈一稀疏的单行。漆汁道之间又被轴向系统的其他成分所隔开。在次生韧皮部的横切面上每平方毫米有3~8个(因品种而异)。

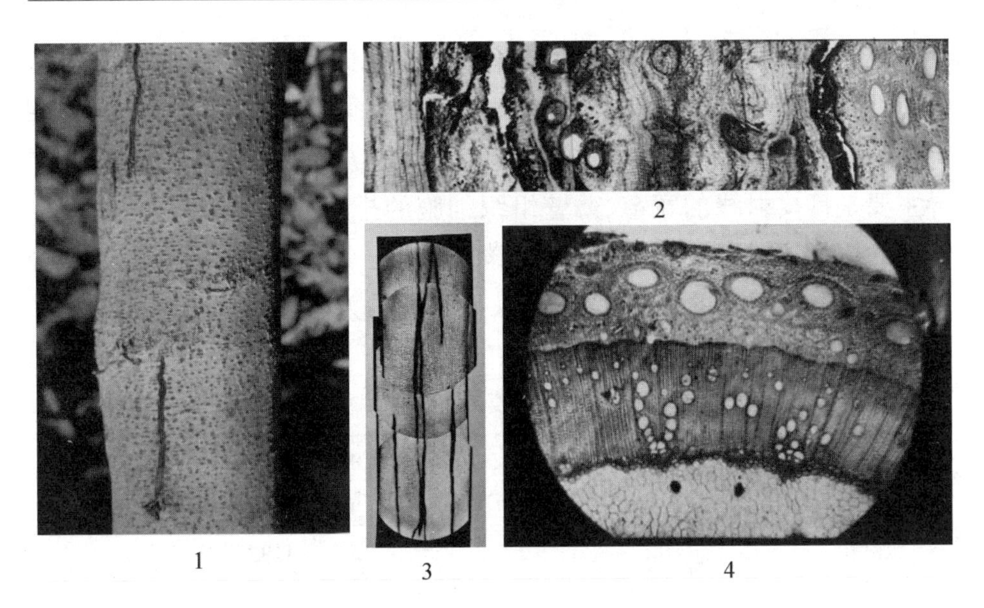

图 3-5　漆树皮、漆汁道纵横切面图

1. 漆树皮;2. 漆树皮的横切面;3. 大红袍嫩枝髓部中——漆汁道的纵切面;
4. 大红袍嫩枝髓部中——漆汁道的横切面

从上述漆汁道的结构和分布可以看出,漆树皮中次生韧皮部的漆汁道是产生生漆的主要场所。生漆是由漆汁道的分泌细胞产生,又贮存在漆汁道的腔道内。因此"割漆"就是割断活树皮中的漆汁道,使生漆流出的过程。

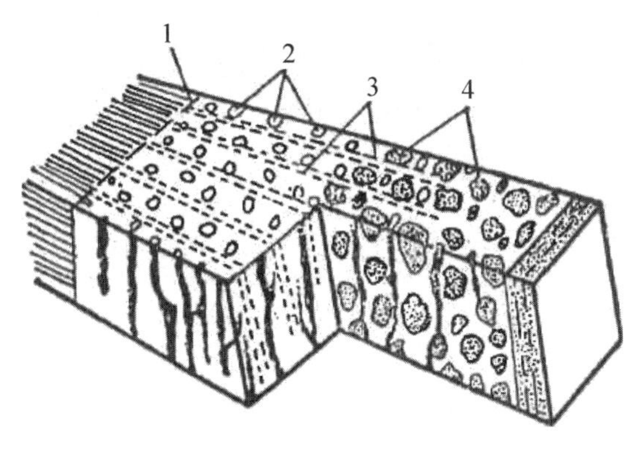

图 3-6　茎韧皮部切片图

1. 维管形成层;2. 漆汁道;3. 射线;4. 石细胞群

据各地调查,我国的漆树除野生类型外,已知的农家品种约有 50 多种。通过对其中 19 个品种树皮的解剖对比观察,发现它们的基本结构相同,只是在各类组织的数量、排列及细胞大小方面有一些差异。这些差异主要是韧皮射线的宽窄、薄壁组织细胞的排列方式,漆汁道在单位面积内的数量、孔径大小以及石细胞群的层数。其中 漆汁道的数量、直径及石细胞群的层数的差异比较明显,并且这些差异和不同品种的生漆产量有着密切关系(见表 3-26 及第 3-27)。

表 3-26　陕西省主要漆树品种的树皮结构

品种名称	树龄	树皮厚度(mm)	初生韧皮厚度(mm)	次生韧皮部		可流动漆液的漆汁道层数
				厚度(mm)	比值	
大红袍	15	12	2.9	7.2	1.95	6
红皮高八尺	15	11	2.6	4.2	1.14	5
金州红	15	10	2.3	6.5	1.76	6
椿树头高八尺	15	6	2.4	2.9	0.78	4
黄茸高八尺	15	8	2.7	4.3	1.16	4
野生漆树	15	9	4.3	3.7	1.00	4

表 3-27　陕西省主要漆树品种漆汁道及产漆量比较

品种名称	树木年龄	次年韧皮部漆汁道				平均历年单株单口产漆量	
		密度	长度:	平均直径(μm)			
		条/cm^2	(mm)	短轴	长轴	kg	g
大红袍	15	174	216	135	300	0.35	356
红皮高八尺	15	154	143	70	150	0.22	221
金州红	15	171	187	50	260	0.28	285
椿树头高八尺	15	356	41	45	140	0.20	204
黄茸高八尺	15	286	104	50	140	0.17	169
野生漆树	15	301	93	55	130	0.18	186

表 3-28 说明,不同品种的漆树树皮内,凡单位体积中漆汁道数量多,孔径大,石细胞群层数少,产漆量都高。反之较低。

表 3-28　5 个主产省的 9 个漆树品种的树皮结构比较

漆树品种	产漆量	漆汁道直径（μm）	漆汁道密度（个/mm^2）	石细胞群层数	产地
灯台小木	高	90~120	7~8	4~5	四川酉阳
火罐子	高	160~200	7~8	3~4	陕西平利
阳高小木	中	90~120	5~6	4~5	湖北利川
阳小木	中	90~120	4~5	6~7	四川酉阳
阳高大木	中	120~170	4~5	6~7	湖北利川
大方大木	中	140~200	4~5	7~8	贵州大方
龙山小木	低	90~150	4~5	7~8	四川酉阳
镇雄小木	低	90~102	3~4	6~7	云南镇雄
野生大木	低	90~100	3~4	6~7	陕西平利

（二）割漆

在漆树树干的皮部依次开割伤口，收集分泌的漆液，这种作业就是割漆。

1. 割漆的树龄和季节

漆树开割期因品种和立地条件不同而有很大差异。如陕西、河南栽培的火罐子，5 年可开割，陕西安康地区的大红袍，7~8 年才开割。一般说来，人工栽培的漆树较野生漆树开割期早。随着树龄的增长，树干的加粗，树皮增厚，漆汁道发育充分，生漆产量上升。因而不能完全以树龄作为开割标准，还应结合干粗和漆汁道的发育程度来确定。

割漆季节因各地气候不同而有早迟，气温高、海拔低的地方，“夏至”前 10 天可开割，“霜降”时停止，可采割 120 天左右；气温低，海拔较高的地方，一般接近“小暑”才能割漆，“寒露”时停止，可采割 90 天左右。伏天是割漆的黄金季节。

2. 割漆前的准备工作

准备工作包括技术培训，割漆规划、工具准备，开林道、绑架，选定割面，刮皮等以保证割漆生产安全顺利地进行。

(1)割漆规划:勘察漆树资源状况,有计划地安排割漆劳力,合理划分工作区。一个漆农一天可采割的漆树就是一个工作区。由于漆树每割一次要有 4~8 天间歇,因此每个漆农必须安排 4~8 个工作区,以便轮回采割。

(2)工具准备:割漆工具包括刮刀、割漆刀、竹篮、漆桶、蚌壳和搭架时用的木棍、藤索等。

(3)开林道:在每个工作区选定工作路线,为了提高工效,以"之"字形或循环路径,使开刀和收刀相连接,停割与收漆相衔接。选好路线后,开设林道,将路上的蔓藤荆棘等排除以利割漆。

(4)绑架:在野生漆树和高大型漆树上割漆,割口不断上移,为了提高工效和安全生产必须在树干上按一定距离(间隔约 0.8 m)进行扎架,做成梯子。

(5)选定割面:为了便于操作和提高生漆产量,割面应选在向阳,节疤少和生漆能顺利流入接收器的树干部位。割面的高度,通常是第一个割面距树干基部 33 cm 左右,第二个割面位于第一个割面的正上方,相距 60 cm 左右,使之排列有序。不能在树干上交错地开口,造成对树干的环割,阻碍养分的输送,导致漆树早期死亡。

(6)刮粗皮:在选定的割面上用刨刀刮去粗皮,尽可能避免刮伤内皮,刮粗皮可结合放水工作同时进行。

(7)放水:在割面上第一次开割,流出的树液含漆极少,无收集价值,故名"放水"。放水等于开割的第一刀,因此所割口型是根据割漆规程进行的。

3. 割漆方法

在数千年的生产实践中,漆农积累了丰富的经验,创造了各种各样的割漆口型。基本上可概括为单口型和双口型两大类。

单口型如牛眼睛、柳叶形、画眉形和斜一字形,流行于四川、湖北、贵州等省;双口型如剪刀形、鱼尾形、牛鼻形等,流行于陕西、河南等省(见图 3-7)。

据调查,各种口型的愈合状况有明显差别。如画眉眼、柳叶形等割口,在割后第二年已大量出现全愈合状态;牛鼻形割口,在割后第三年出现少量全愈合口;剪刀口形在割后十年才出现少量全愈合口子;斜一字形愈合能力更差。割线过长和割口面过大是影响愈合的主要因素。

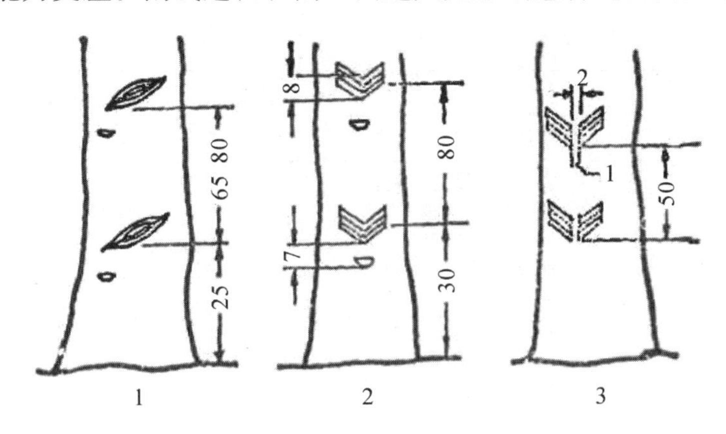

图 3-7　生漆的割口形式(单位:cm)

1. 画眉眼形;2. 剪刀形;3. 牛鼻形

正确而熟练的割漆技术是提高生漆产量的主要因素。采割时应掌握以下几点:

(1)割口深度:以达树皮厚度的 3/4 左右为宜。割口过浅,产漆量低;割口过深,不仅影响伤口愈合,且增加生漆的含水量,影响生漆质量。

(2)割条宽度:是指每一次割漆时所切下的树皮狭条的宽度,它直接关系到最后割口面的大小。割面越大,割口的愈合更为困难,进而影响漆树的生长发育。一般根据割口的干枯情况,每次割皮的宽度为 2～3 mm 为宜。实验证明,增加割条宽度,产漆量并不上升,因此,尽量减少树皮的损耗,是采割技术中的一条重要经验。

(3)割线角度:是指割线与树干中轴垂线之间的夹角。以 45°左右最好,既能保证漆液顺利流入受器,又能切断较多的漆汁道。

(三)影响生漆产量的主要因素

1. 漆树的品种

品种不同,产漆量相差很大。一般的野生漆树的产漆量低于栽培品种，因此，推广优良的漆树品种是提高生漆产量的关键。

2. 胸径大小

据日本学者研究，生漆产量与胸径大小有密切关系（如表3-29）。

表3-29 不同胸径漆树的产漆量（日本）

胸高直径（cm）	正漆（g）				后漆（g）	终漆（g）	枝漆（g）	总计（g）
	初漆	盛漆	末漆	合计				
5.5	10.5	50.7	16.1	77.3	11.6	5.9	5.0	100.0
6.0	10.4	50.7	16.8	77.9	10.5	6.0	5.1	99.5
6.5	10.8	56.4	18.0	85.2	13.7	6.7	5.5	111.1
7.0	12.1	72.0	21.4	105.5	16.9	8.1	5.6	136.1
7.5	14.2	82.5	25.1	121.8	19.3	8.3	5.9	155.3
8.0	17.7	106.3	31.5	155.5	23.7	11.1	6.7	197.0
8.5	16.8	95.3	29.8	144.9	22.0	11.9	7.9	186.7
9.0	20.4	129.6	38.8	188.8	26.3	12.6	8.2	235.9
9.5	21.6	136.7	40.3	195.6	29.5	14.2	10.1	252.4
10.0	25.5	156.2	43.8	225.5	36.7	17.0	10.0	289.2
10.5	25.6	146.3	41.7	212.6	31.5	14.6	9.8	269.5
11.0	28.3	155.3	46.6	230.2	42.5	23.3	16.0	312.0
11.5	29.9	186.5	55.1	271.5	44.6	23.9	19.5	359.5
12.0	30.1	192.8	56.9	279.5	56.5	25.3	19.5	380.8
12.5	40.7	238.3	66.9	345.9	63.0	23.0	28.0	459.9
采漆次数	5	13	4	22	1	1	1	

由表看出，胸径大，漆汁道发育充分，产漆量高。否则相反。

初漆6月中旬~7月中旬的漆；

盛漆7月下旬~9月初的漆；

末漆9月中旬~10月初的漆。

以上总称正漆。10月前半月所割之漆为后漆，10月后半月的漆为终漆。

3. 大气温度与湿度

在割漆的季节，气温适中、产漆量随大气相对湿度的增高而上升。

表 3-30　产漆量与气温、相对湿度的关系(岚皋县 1972)

项目/割次	1	2	3	4	5	6	7	8	9	10
割期(日/月)	9/7	18/7	27/7	3/8	11/8	22/8	1/9	13/9	25/9	3/10
产漆量(kg)	1	1.9	2.4	2.5	2.5	3	3.5	3	3.4	2
日平均气温(℃)	27.8	27.3	25.7	28.3	30.8	25.6	19.6	20.8	15.6	14.5
相对湿度(%)	84	77	65	69	56	64	90	80	75	76

由表 3-30 可见,当气温特别高而相对湿度降低时,生漆产量并不上升。所以阴天是割漆的好天气,蒸腾作用小,流漆时间长。

4. 不同割期对漆液品质的影响

漆液品质的好坏,与漆液中漆酚含量高低关系极大,特别是漆酚中共轭三烯漆酚含量越高,品质越好。如湖北毛坝漆驰名中外,其主要特点是共轭三烯漆酚含量高。

近年来的研究证明,漆液中总漆酚与共轭三烯漆酚含量的高低与采割期有密切关系(见表 3-31)。

表 3-31　不同割期漆液化学成分含量

割期(月/日)	总漆酚(%)	饱和漆酚(%)	单烯漆酚(%)	二烯漆酚(%)	共轭三烯漆酚(%)	非共轭三烯漆酚(%)	总三烯漆酚(%)
7/2	31.88	0.93	10.9	3.76	32.6	38.5	71.1
7/10	40.11	1.30	10.9	5.60	19.2	52.3	71.5
7/15	43.85	1.20	13.6	4.10	16.2	59.2	75.7
7/22	50.16	3.10	13.1	1.95	13.2	65.4	78.6
7/29	57.77	1.52	16.7	6.00	12.4	64.4	76.8
8/5	65.90	1.65	11.6	6.40	10.0	68.7	78.7
8/12	67.02	3.30	13.1	4.10	11.9	70.6	82.5
8/25	67.44	1.66	12.7	5.10	10.7	70.8	81.5
9/14	63.43	1.98	12.1	4.70	9.3	71.8	81.8

说明:饱和漆酚,单烯、二烯、三烯漆酚的含量是占总漆酚中的含量。

由此可见,采割期推迟,漆酚与共轭三烯漆酚含量增加,特别是 8 月以后,两者含量都高,漆的品质最好。

除此之外，割漆方法的合理与否与割漆技术均直接影响产漆量和漆树的生长发育。

(四)刺激增产

为了延长漆液的分泌时间，提高生漆产量，1974年以来，陕西、湖南、湖北等省利用乙烯利、电石和中草药刺激生漆增产，获得良好效果。

1. 乙烯利

其化学名称是2-氯乙基磷酸。化学式为$ClCH_2CH_2PO(OH)_2$。是一种酸性液体，可溶于水，常温时在酸性条件下(pH<3)比较稳定，酸性减弱(pH4以上)则逐渐分解，同时缓慢放出乙烯。

$$ClCH_2CH_2-\overset{\overset{\displaystyle O}{\|}}{\underset{\underset{\displaystyle O^-}{|}}{P}}-OH + OH^- \longrightarrow CH_2=CH_2+Cl+\overset{\overset{\displaystyle O}{\|}}{\underset{\underset{\displaystyle O^-}{|}}{P}}-(OH)_2$$

由于一般植物组织中细胞液的pH在4.1以上，乙烯利进入植物体内就分解放出乙烯发挥作用。

在割漆季节用乙烯利处理漆树，一般能增产20%~30%。在高大漆树上用8%的乙烯利为宜。施用剂量：水剂1~2 ml，油剂5 g左右。用皮部涂抹法或在树干基部打孔注入法，皮部涂抹法省工，也不伤树。涂药带的长度依树胸围大小和割口数量而定。立地条件差的漆树或割漆季节气候干旱时，施用浓度应适当降低。涂药部位视割面位置而定，低割面可在割口正下方树干基部处涂；割面较高时，可在树干胸高处涂药(见图3-8)。

涂药时间宜在7月中旬。此时漆树已进入光合作用盛期，积累多，产漆潜力大。

2. 电石

化学名称是碳化钙(CaC_2)，含碳化钙较高的是紫色，工业品是灰色或黄褐色，具刺鼻的臭味，比重2.22，熔点2 300℃，在空气中可吸收水分，缓慢放出乙炔(C_2H_2)。

$$\begin{matrix} C \\ \| \! | \\ C \end{matrix}\!\!>\! Ca + 2H_2O \longrightarrow CH\equiv CH + Ca(OH)_2$$

乙炔为无色气体,易变为乙烯,进入植物体,能起到与乙烯利相同的作用。

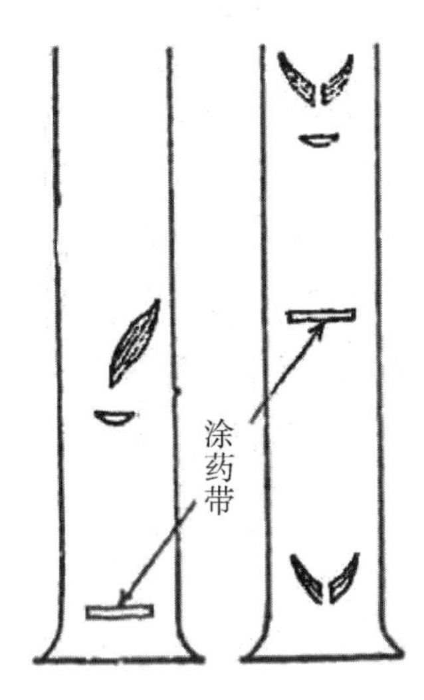

图 3-8　涂施乙烯利的部位

应用电石的方法通常是穴埋法。在漆树割口方向或山坡上方,离树根 30 cm 左右地方挖一小坑(最好在侧根处),将电石小块直接装入有小孔的塑料袋中,然后覆土踩实。一般在 7 月中旬和 9 月上旬各放一次,用量为 10 g、15 g 或 20 g,视漆树品种和生长状况而定。

四、生漆的贮存

生漆为具有刺激性的液体,在贮存过程中要具备相应的条件才能保持原有的性状。必须掌握不同季节温度和湿度的变化规律采取必要的措施,妥善保存,以防漆桶破裂造成损失。此外,不能将生漆和盐、碱、硝、化肥、石灰等混合存放,以免变质。

生漆检验

生漆品质的检验是产品收购中一项技术性较强的工作,也是一项关系到正确执行优质优价,指导生漆生产的极其重要的工作。

生漆品质的优劣,与生漆产地、品种、立地条件、割漆时间等密切关联。生漆的主要成分是漆酚、漆酶、胶质、水分、油分,另外还有微量的钙、镁、铝、钾、钠、硅及微量的有机酸、葡萄糖等。按要求生漆的等级应以漆酚含量去评定。但现阶段,由于漆酚不易分离,生漆的等级规格仍以漆酚等有效成分去评定。按照国家计价规定,大木漆的标准规格为65%,含渣量不超过3%,味酸香,燥性强,淡猪肝色(即淡黄或谷黄),转色鲜艳,漆质清漂,米心砂路明显粗壮,丝条细长,弹性好;小木漆的标准规格为70%,含渣量不超过30%,味清香(漆香),燥性较强,深猪肝色(即棕黄或棕褐),转色鲜艳,漆汁特别清深,活力强,米心砂路明显,丝条细长,弹性好,以规定的标准为准。成分每减1%即为一个分差,价格相应的减低。

目前检验生漆品质、规格分别可用物理检验和化学检验方法进行。

一、生漆物理检验

主要是感官检视,如对漆膜、色艳、转色、米心、砂路、丝条、弹性、浆水、漆渣、虎斑色、弹性、气味等。

其次煎盘检验,该方法是将一定数量的漆放在特制的铜盘小戥(俗称煎盘),通过加热挥发水分,求得该漆有效成分的含量,据此求出该漆品质的分数。

方法是在煎盘准确称取无渣漆样一钱(5 g),在酒精灯上煎熬,其反应先是米汤色大泡花,后起黄色小泡花,再起橘黄色絮绒花,最后絮绒花中出现青油窝时,即将盘提高,离开火苗,直至烟起泡息为止,离火称重,用百分比表示，就是生漆纯度。

二、生漆化学成分的测定

（一）漆酚总量的测定

漆酚定量测定，长期采用氢氧化钡滴定法，由于该法易受空气中二氧化碳和漆液中有机酸的影响，并且滴定至终点判定困难，测定误差大。近几年来，许多科技工作者参考国内外资料，采用分光光度法测定漆酚总量。

1. 测定方法

分光光度法测定漆酚总量。

2. 仪器和试剂

（1）72 型分光光度计或 72—1 型分光光度计；

（2）10 ml、50 ml、100 ml 容量瓶各数个；

（3）10 ml 小烧杯数个；

（4）2 ml、5 ml 移液管各 2 支；

（5）直径 7 cm 中速定性滤纸；

（6）无水乙醇；

（7）三乙醇胺溶液：用三乙醇胺（分析纯）配成 1. 6% 的无水乙醇溶液；

（8）三氯化铁溶液：用含 6 个结晶水的三氯化铁（分析纯）配成 0. 1% 的无水乙醇溶液；

（9）三乙醇胺和三氯化铁混合液，取 25 ml；1. 6% 的三乙醇胺和 25 ml 0. 1% 的三氯化铁溶液于 100 ml 容量瓶中，用无水乙醇稀释至刻度；.

（10）精制饱和漆酚标准溶液：准确称取精制饱和漆酚 0. 0500 g，用无水乙醇溶解于 25 ml 容量瓶中，稀释至刻度，取此液 5. 0 ml 于 50 ml 容量瓶中，用无水乙醇稀释至刻度（此液浓度为 0. 2 mg/ml）；

（11）精制饱和漆酚：在南尼镍（钯黑）催化剂存在下，于乙醇中将生漆直接通氢气使漆酚饱和，过滤、蒸馏所得的饱和漆酚粗产品，用石油醚（沸程 30～60℃）重结晶纯化，熔点 58～59℃，饱和漆酚应避光干燥贮存。

3. 测定步骤

（1）工作曲线的绘制：取饱和漆酚溶液 0.5、1.0、1.5、2.0、2.5 ml，分别盛装于 10 ml 的容量瓶中，再分别加入三乙醇胺和三氯化铁的混合液 4 ml，用无水乙醇稀释至刻度，放置数分钟后，于 1 cm 比色皿中，在分光光度计 625 nm 波长处，以无水乙醇作空白进行比色。然后以饱和漆酚液的体积（毫升）为横坐标，以所测得的吸光度为纵坐标绘制工作曲线。

（2）漆样分析：

取样：用玻璃棒刺破浮面的漆膜，打开一取样孔，再用另一玻棒插入，上下左右充分搅拌均匀，提出玻棒让所带纯净漆液自然流入预先称重的烧杯中。

准确称取 0.0200～0.0400 g 生漆，迅速加入无水乙醇溶解并过滤于 50 ml 容量瓶中。再用少量无水乙醇洗涤滤渣，直至滤液无色。然后用无水乙醇将滤液稀释至该度。取此液 2 ml 于 10 ml 容量瓶中，加入 4 ml 三乙醇胺和三氯化铁的混合液，用无水乙醇稀释至刻度，摇匀，放置数分钟后，注入 1 cm 比色皿，以无水乙醇作空白，于分光光度计 625 nm 波长处测定吸光度，然后在工作曲线上查出其对应的漆酚含量。

（3）结果计算：

$$漆酚(\%)=\frac{dV}{WK}\times 100$$

式中：d——标准饱和漆酚溶液每毫升所含漆酚的毫克数；

V——试样测得的吸光度自标准曲线上查出的毫升数；

W——试样重量（mg）；

K——试液取样比例（2/50）。

误差：0.51%（漆酚含量≥45%）。

(二)混合漆酚中各组分的测定

1. 测定方法

气相色谱法——即将漆酚转化为漆酚二乙酰酯后测定。

2. 测定条件

色谱柱:聚乙二醇丁二酸酯/101 白色硅烷担体(用二甲二氯硅烷处理为好)40~60 目,2∶100,1.5 m 经硅烷化处理的玻璃柱。

温度:柱温 210℃,检测器 250℃,汽化 300~350℃,出口 300℃。

载气及流速:H_2,50~60 ml/min。

检测器:氢火焰离子化。

空气:500~600 ml/min。

(三)水分和低沸点组分的测定

1. 测定方法

加热减重法测定水分和低沸点组分之和。

2. 仪器和试剂

①电热恒温干燥箱;电炉;②50 ml 烧杯数个;③无水乙醇(分析纯)。

3. 测定步骤

按漆酚总量测定的方法取样,准确称取 1.000~1.300 g 生漆于已知重量的 50 ml 烧杯中,使漆液均匀分布在烧杯底部,将此烧杯放入 105~110℃恒温的干燥箱内,1 h 后取出,即时放入干燥器内冷却 30 min,取出称重,减少的重量为加热减量。

4. 结果计算

$$\text{加热减量}(\%)=\frac{G-G_1}{W}\times 100$$

式中:W——样品重量(g);

G_1——样品加热后重量(g)。

误差:0.57%(加热减量≤45%)。

（四）树胶质及含氮物的测定

1. 测定方法

重量法测定树胶质及含氮物。

2. 仪器和试剂

①中速定性滤纸（7 cm）；②直径 4 cm 玻璃漏斗；③50 ml 有柄瓷蒸发皿数个；④无水乙醇（分析纯）。

3. 测定步骤

（1）树胶质的测定：在烘去水分和低沸点组分的漆样中，加入 25 ml 无水乙醇，用玻璃棒充分搅匀，直至结皮溶解后，静置数分钟，用已知重量的滤纸过滤。用少量无水乙醇冲洗滤纸上的遗留物，直到滤液无色。滤纸上的测定物用95%左右的热水洗 4~5 次（每次约 3 ml），洗涤液接入已知重量的 50 ml 有柄瓷蒸发皿中，在电炉上小火蒸去水分，快干时，放入 105~110℃恒温箱内烘 1 h，取出放入干燥器中冷却半小时称重。蒸发皿中的遗留物即为树胶质。

结果计算：

$$树胶质(\%)=\frac{G_1}{W}\times 100$$

式中：W—样品重量（g）；

G_1——蒸发皿增重（g）。

误差：0. 54（树胶质含量≤8%）。

（2）含氮物的测定：将经水洗去树胶质的滤纸放入 105~110℃恒温箱内烘 1 h，取出放入干燥器中冷却半小时，称其滤纸增重即为含氮物。

结果计算：

$$含氮物(\%)=\frac{G_1}{W}\times 100$$

式中：W—样品重量（g）；

G_1——滤纸增重（g）。

误差：0. 49（含氮物≤6%）。

生漆的化学成分及其与生漆质量的关系

生漆是乳白色或淡黄色黏稠状的液体树脂，与空气接触后，颜色会逐渐变黑，是我国特产的一种天然树脂涂料。

生漆在空气中很容易干燥，结成黑色光亮坚硬的漆膜，附着力、遮盖力、耐久性和防腐蚀性都很强，而且又耐水、耐热、耐磨、耐溶剂侵蚀。因此，生漆除用作一般建筑材料的涂料外，还可以广泛用作国防、机械、石油和化工等工业部门设备器材的防腐蚀涂料，是保护和防止材料腐蚀理想的天然树脂涂料。

生漆的主要化学成分是漆酚、漆酶和树胶质，此外，还含有一定量的水分和少量其他有机物质。生漆中各种成分的含量，随漆树品种、生长环境、采漆时期等而有不同。国产生漆中各种成分的含量如下：

漆酚	50%~70%
漆酶	10 以下
树胶质	10 以下
水分	20%~30%
其他有机物质	少量

一、漆酚

漆酚不溶于水，但能溶于酒精、丙酮、二甲苯等多种有机溶剂中。在空气中极易氧化形成黑色黏稠状液体。

漆酚经多年的研究，现在还只能初步确定它是邻苯二酚衍生物的混合物，分子中具有不饱和程度不同的 15 个碳原子的长侧链。漆酚中的组成和结构，是随着漆树的种类、品种和产地的不同而发生变化。国产生漆中的漆酚和日本产生漆中的漆酚，基本上是相同的，都包含有饱和漆酚、单烯漆酚、双烯漆酚和三烯漆酚四个组成部分，它们的化学结构如下：

(Ⅰ)饱和漆酚

$R=-(CH_2)_{14}-CH_3$

(Ⅱ)单烯漆酚

$R=-(CH_2)_7CH=CH-(CH_2)_5CH_3$

(Ⅲ)双烯漆酚

$R=-(CH_2)_7CH=CH-CH_2CH=CH-(CH_2)_2CH_3$

(Ⅳ)三烯漆酚

$R=-(CH_2)_7CH=CHCH_2CH=CH-CH=CH-CH_3$

其中(Ⅰ)是结晶固体,约占漆酚总量的5%,熔点(m、p)58~59℃。(Ⅱ)、(Ⅲ)、(Ⅳ)都是液体,而且(Ⅱ)和(Ⅲ)的含量都很少,总计不过5%,(Ⅳ)占漆酚总量的90%以上,是漆酚的主要组成部分。

从三烯漆酚的化学结构(Ⅳ)可以看出:三烯漆酚的侧链上,具有独特的共轭双键结构。因此,可以认为:生漆的干燥性能与生漆中三烯漆酚的含量,有着极为密切的关系;也就是说,三烯漆酚的含量,对于生漆的质量有着重要的影响。

二、漆酶

漆酶是一种含铜的多元酚氧化酶,它能促进邻位和对位二元酚的氧化,而对于一元酚不起作用。这种特性是与漆酚的氧化作用一致的。

从新漆中分离出来的漆酶呈蓝色,活性大;从陈漆或部分氧化了的生漆分离出来的漆酶呈白色,活性低。说明漆酚的颜色与生漆的新陈,也就是漆酶的新陈和它的活性大小有着密切的关系。

温度和空气中的相对湿度,对于漆酶中的活性也有很大的影响。我国传统经验证明:生漆需要在一定的温度下(20~40℃)和一定的相对湿度范围内(70%~80%)才易于干燥;过冷或过热,过干或过湿的环境,都不利于生漆的干燥,足以说明温度和湿度对于漆酶活性的影响。试验证明:当温度为40℃,相对湿度为80%时,漆酶的活性最大。在这种情况下,生漆在漆酶的催化作用下,干燥最快。经过高温处理的生漆,因为其中的漆酶被破坏,就不容易干燥。

漆酶的活性，也受介质酸度的影响。一般而言，漆酶在微酸性的介质中，活性最大；酸性过强或在中性偏碱性的介质中，漆酶的活性都显著降低；特别是在碱性介质中，漆酶几乎完全无活性。

三、树胶质

树胶质是生漆中溶于水而不溶于有机溶剂的部分，属于多糖类。从生漆中分离出来的树胶质，经水解后，可以从水解液中分离出树胶糖、木糖、半乳糖、鼠李糖、葡萄糖醛酸、半乳糖醛酸和一种氨基糖。生漆中树胶质的含量或树胶质中各个组分的含量，因漆树品种、产地而有不同；一般大木漆中含胶量多，小木漆中含胶量少。

树胶质对于生漆有什么作用，现在还不清楚，有人认为树胶质仅仅与生漆涂在器物上形成的漆膜厚薄有关，而与生漆的质量无关。

四、水分

生漆中都含有一定量的水分(20%~30%)。水分的多少不但与漆树品种，生长环境和采割时期有关，而且也与割漆技术有直接关系。割漆时割口过深，切入木质部时，流出的漆液，含水量就会相应地多一些。生漆中水分含量的多少，对于生漆的质量，也有一定影响。一般来说，水分少的生漆，质量较好；水分多的生漆，质量较差。

五、其他有机物质

生漆中其他有机物质的含量很少，大约不超过1%，其中包含多元醇(甘露醇)、葡萄糖和极少量的油分，对于生漆质量没有显著影响。

总之，生漆的质量，或者说生漆的干燥性能，主要决定于生漆中漆酚的含量和漆酶的活性大小。生漆中的水分含量，对于生漆的质量，也有密切关系。

(本文原载《经济林产品利用及分析》，
北京：中国林业出版社1986年5月版)

中国生漆漆液研究

分层是生漆的一种自然属性。从漆树上采割收集得到的漆液，在容器中静置数天后，逐渐形成三层，民间素有油面、腰黄、粉底之称。至今，尚未发现对生漆分层特性及层次差异的研究。本文通过对生漆各层次化学成分的分析，试图探明层次间的差异，填补生漆研究领域中的此项空白，为进一步提高生漆利用效率和开拓应用领域，提供理论依据。

一、材料与方法

（一）材料

红毛贵州漆：1990 年采于陕西平利；陕西秦岭大木漆：1991 年采于陕西火地塘。

（二）研究内容及方法

1. 漆酚

（包括总漆酚、饱和漆酚、单烯漆酚、双烯漆酚、三烯漆酚）采用乙酸酐-吡啶乙酰化法、光谱法和气相色谱法测定[1-3]。

2. 漆酶

含量与活性采用分光光度法测定；漆酶的氨基酸组成采用氨基酸分析仪测定。

3. 丙酮粉末、树胶质、水分、灰分

均采用常规理化方法进行测定[2]。

4. 漆液显微构造

将生漆原液制片置于显微镜下，观察其显微构造。

5. 各层漆液的干燥状况

采用涂板法进行。

二、结果分析

(一)漆酚及其组分分布

1. 漆酚总量

用乙酸酐-吡啶乙酰化法和光谱法对各层漆液中的漆酚总量进行测定。由表3-32看出,漆液各层间漆酚含量差异极显著,自上而下明显递减,上层比下层高2~3倍。

表3-32　不同层次漆液的漆酚含量

层次	秦岭大木漆				红毛贵州漆			
	乙酰化法		光谱法		乙酰化法		光谱法	
	V_a	V_r	V_a	V_r	V_a	V_r	V_a	V_r
上层	86.08	297	81.60	285	91.07	395	88.22	376
中层	75.29	260	71.71	251	76.96	333	76.14	324
下层	28.99	100	28.62	100	23.08	100	23.47	100

注:Va代表实测值(%),Vr代表相对值,下层为100

2. 漆酚各组分

把漆酚制成三甲基硅醚衍生物及漆酚二甲醚衍生物,在103气相色谱仪上进行测定,结果见图3-9和图3-10。

图3-9中,饱和漆酚与单烯漆酚两峰未被分开,借助于漆酚二甲醚法的相对值区分后得表3-32。由表3-32可知,各层中均以三烯漆酚含量最高,饱和漆酚含量最低;各层间漆酚四种组分的相对含量具有一定的稳定性。用表3-32与表3-33数据依层计算出各漆酚组分占样重的百分含量(见表3-33)。结果表明,漆酚四种基本组分的含量自上而下呈明显的递减趋势,这与总漆酚的变化相一致。

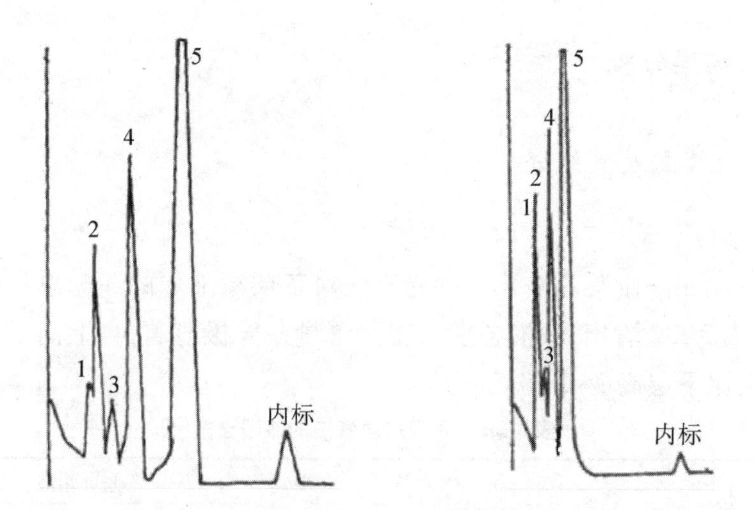

图 3-9　漆酚二甲醚衍生物色谱图　　图 3-10　漆酚三甲基硅醚衍生物色谱图

1. 饱和漆酚；2. 单烯漆酚；3、4. 双烯漆酚；5. 三烯漆酚。

表 3-33　各层中漆酚组分的相对含量(%)

层次	秦岭大木漆				红毛贵州漆			
	饱和	单烯	二烯	三烯	饱和	单烯	二烯	三烯
上层	2.89	11.66	26.35	59.10	2.87	18.20	16.42	62、50
中层	2.73	11.03	24.36	61.81	2.63	17.01	16.04	64.26
下层	2.56	11.16	22.63	63.22	2.06	17.22	14.16	66.55

表 3-34　漆酚各组分在各层中的分布(%)

层次	秦岭大木漆				红毛贵州漆			
	饱和	单烯	二烯	三烯	饱和	单烯	二烯	三烯
上层	2.49	10.04	22.68	50.87	2.61	16.57	14.95	56.92
中层	2.06	8.30	18.34	46.54	2.05	13.09	12.34	49.45
下层	0.74	3.24	6.56	18.33	0.48	3.97	3.27	15.36

(二)不同层次的漆酶含量及活性

1. 不同层次的漆酶含量

用丙酮溶解定量生漆样品，过滤得到丙酮粉末，以此间接反映漆酶含量。结果(见表 3-35)显示，下层含量明显高于中、上层，颜色(丙酮挥发前沉淀物色）也较深。

表 3-35　丙酮粉末的含量及颜色

层次	秦岭大木漆			红毛贵州漆		
	百分含量	相对值	颜色	百分含量	相对值	颜色
上层	2.41	1.00	浅黄色	1.19	1.00	浅黄色
中层	4.34	1.80	浅灰色	4.56	3.83	浅灰色
下层	12.64	5.24	蓝色	24.44	20.54	蓝色

将丙酮粉末用冷水浸提，获得漆酶水提液。用牛血清蛋白做标样，设置多个浓度（C）处理，用 Folin 试剂显色，借助 721 型分光光度计，在 500 nm 处测定光密度（D）。用所得结果求得回归方程：

$$D=0.327+10^{-3}C$$

相关系数 $R=0.9710$，离差平方和 $Q=8.9110\times10^{-3}$，标准误差 $S=0.0262$，$F=215.97$。

用同样方法测定各试样漆酶水提液的光密度，从回归方程中求得相应的酶浓度，再计算酶含量。

用上述方法计算出上、中、下三层漆酶的相对含量为 100∶143∶621，酶含量自上而下显著增加。

2. 漆酶活性测定

将漆酶水提液加入盛有定量对苯二胺和磷酸盐缓冲液的试管中，在 30℃恒温条件下，分别测定第 3、5、8、11、13 min 的光密度，得到若干组数据，进行计算机回归处理，用回归最好的方程求出第 3 min 和第 13 min 的光密度值，按下式计算酶活性：

漆酶活性 $=\left(\dfrac{D_{13}-D_3}{t_{13}-t_3}\right)$/试管中酶的 mg 数（单位：光密度变化值/min · mg）

式中 D 为光密度，t 为时间（min）。

分析计算结果（见表 3-36）表明，漆酶活性自上而下呈递增趋势；随着原漆存放时间延长，各层漆酶的活性均有降低，但下层漆酶的活性降低较慢。所以，下层漆酶的含量高，质量好。

表 3-36　秦岭大木漆各层漆酶活性

层次	1994 年 1 月 4 日测定		1994 年 3 月 18 日测定	
	酶活性*	相对值	酶活性*	相对值
上层	0.62	1.00	0.53	1.00
中层	1.22	1.97	1.10	2.08
下层	2.28	3.68	2.11	3.98

注:酶活性单位为:光密度变化值/min・mg

另外,用 121-MB 型氨基酸分析仪对漆酶组成进行了测定,在被测的 17 种氨基酸中,各层均以天门冬氨酸含量最高,以蛋氨酸含量最低;氨基酸总量在上、中、下三层相对分布值为 1.00∶1.13∶5.61,其变化趋势与漆酶分布相一致。

(三)水分、树胶质、含氮物及灰分在各层中的分布

用常规方法对水分、树胶质、含氮物和灰分进行测定,结果(见表 3-37)表明,漆液中这几种组分含量自上而下均显著递增。

表 3-37　各层漆液的水分、树胶质、含氮物及灰分含量(%)

层次	秦岭大木漆				红毛贵州漆		
	水分	树胶质	含氮物	灰分	水分	树胶质	含氮物
上层	6.14	0.99	0.50	0.03	5.90	0.44	1.58
中层	11.50	2.84	0.62	0.15	9.56	2.40	1.59
下层	40.51	9.39	1.85	1.4S	49.11	14.00	6.05

树胶质是多糖化合物,末端脂基团易与金属(如钙、镁、钠等)离子形成盐类化合物[5]。这可能是灰分与树胶质含量的变化具有同步效应的原因。

(四)不同层次的显微构造

对多种原漆液进行分层制片。观察表明,各个品种具有相同或相似特点。图 3-11 展示了秦岭大木漆原液的分层显微构造。

1. 层次间显微构造的差异

图片表明,漆液中液珠的大小、多少及分布有较明显差异。上层液珠数量少,体积小,且分布疏散。下层则相反,且含有许多硬颗粒。另外,下层漆液较稠,上层漆液较稀。

2. 生漆乳状液类型

借助染色法对生漆液进行分层镜检。采用油溶性染料苏丹Ⅲ和水溶性染料甲基蓝分别对多种漆样染色。用苏丹Ⅲ处理后,观察到连续相(外相)为粉红色,由此证明外相是油溶性的,为漆酚;而用甲基蓝染色后,观察到许多分散的蓝色液珠,证明其为水溶性的,即漆液中的水分;用两种染料混合染色,亦证实了上述情况。因此得知,生漆是一种油包水(W/O)型乳状液。

3. 显微构造与化学成分含量关系推断

从分散相(内相)和连续相(外相)视野面积的比值看,以下层数据最大,上层最小,这与自上而下漆酚递减而水分递增的变化趋势相一致。

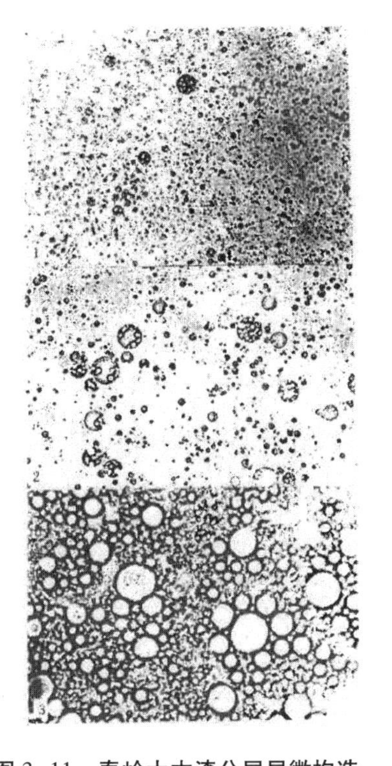

图 3-11 秦岭大木漆分层显微构造

1. 上层; 2. 中层; 3. 下层

(五)不同层次的干燥状况

将少许生漆涂刷在载玻片上,在温度为(25±2)℃和相对湿度为(85±5)%条件下,以5~15 min为间隔连续观察,用吹棉球法和指触法[2]鉴别表面干燥与否,记录表面干燥时间和漆膜特征。结果表明,各层次生漆成膜干燥时间差异极大,从上到下表面干燥时间迅速缩短,如秦岭大木漆下层比上层干燥快20倍以上。这与下层漆酶含量及活性高直接相关。

各层漆液成膜的颜色、光泽性、平滑性

等也有差异。上层漆液较稀，流平性好，涂膜呈棕黄色，透明度大，有光泽，无刷痕。下层漆液较稠，流平性差，涂膜呈棕红色，粗糙起皱，光泽较差，刷痕明显。

综合分析，中层漆膜成膜较好，上层干燥过慢，下层干燥虽快，但其他特性均不理想。

三、结论与讨论

(1)生漆漆液自然分层的各层中，总漆酚含量及其漆酚四种基本组分自上而下均明显递减；各层中均以三烯漆酚含量最高；漆酚各组分在各层中的百分含量具有一定的稳定性。

(2)漆酶、丙酮粉末、含氮物、树胶质、水分和灰分含量自上而下均呈剧增趋势。

(3)漆酶活性自上而下增高，随着存放时间的延长，各层漆酶活性均有降低趋势，但下层漆酶活性降低较慢。

(4)下层漆膜干燥快于上层，但其成膜特性欠佳，上层成膜好且颜色浅，但干燥慢。

(5)生漆是一种W/0型乳状液。在诸多特性上，不同层次间互有优劣。原漆液的常规利用(即不分层利用)，可以互相弥补层次间的缺陷，取长补短。分层研究结果也证实了常规利用的科学合理性。但是，这并不等于充分发挥了各层次的优势，也有可能一定程度地限制了生漆应用潜力的发挥。因此，应进一步探索，进行分层加工利用。作者设想运用较多的上层漆液作朱合漆，利用较多的中、下层漆液作黑推光漆。这种分层利用设想的提出，是对常规利用的完善和拓展，有利于开阔生漆应用视野，开拓科研探索途径。

(本文原载《林产化学与工业》，1997年第2期第41-46页。)

生漆在国民经济中的作用

——我国生漆利用现况调查报告

生漆是从漆树上割取的漆汁，又名国漆、大漆，是我国特产的一种天然树脂涂料。生漆在空气中很容易干燥，结成黑色光亮坚硬的漆膜，它和一般合成漆的漆膜相比，具有独特的优良性能。生漆漆膜光亮，色泽耐久，保光性能特优，而一般合成漆使用一段时间后，光泽逐渐消失。生漆漆膜较一般合成漆漆膜坚硬，在显微镜下观察，漆膜针孔甚少，密封性能强。因此，它的耐磨性能和防渗透性能均优于一般合成树脂涂料。生漆与木质材料间的附着力很牢，如果加入一定量的瓷粉，与钢板间的结合力可达 70 kg/cm^2，结合也很坚牢。生漆漆膜的耐油性能和耐化学腐蚀性能优良，它几乎不溶于任何动植物油和一般有机溶剂中，耐无机酸性能也较好，可抵抗任何浓度的盐酸和硫酸，也能抵抗 20%以下的硝酸；对各种腐蚀性气体，如氯气、氯化氢、二氧化硫、一氧化碳、氨气等抵抗力也很强。生漆漆膜的耐温耐热和电绝缘性也很好，长期使用温度在 150℃左右；抗电击穿强度达 50~80 kv/mm，即使浸泡在水中，其抗电击穿强度也大于 50 kv/mm。生漆漆膜的抗水性和抗土壤腐蚀性能是卓著的，在热水、沸水中长期浸泡或冷热交替，漆膜也未发生变化。其耐土壤腐蚀性能更是不言而喻了，从新中国成立以来，出土的大量古代文物表明，埋入土中达两千余年的历代漆器，出土后，其漆膜光亮仍艳丽如新，有力地证明了中国漆不愧为“涂料之王”的称号。

我国劳动人民对生漆的生产、加工和利用，已有四千多年的悠久历史，世界闻名艺术精美的中国漆器，是我国传统的出口商品。特别是近年来考古工作者在湖北、湖南等省发掘出土的两三千年前的古代各类漆器，工艺之精湛，为世界各国所赞扬。

我国漆器和油漆技术很早就传到国外。日本、朝鲜、蒙古、缅甸、印度、孟加拉国、柬埔寨、泰国等东南亚国家，以及中亚、西亚各国，都在汉、唐、宋时期从我国传入了漆器和油漆技术,并且分别组织了漆器生产,构成亚洲各国一门独特的手工艺行业。汉代四川广汉郡官漆作坊生产的纪年铭漆器在朝鲜北部有大量出土,蒙古的诺因乌拉古墓群出土的不少汉代纪年铭金铜扣漆器,也是蜀郡漆工所造。日本正仓院至今还收藏着唐代泥金绘漆、金银平脱等漆器。

我国漆器经波斯人、阿拉伯人和中亚人再向西传到欧洲一些国家。在新航路发现以后,中国和欧洲间接交往,又通过葡萄牙人、荷兰人等不断地把我国漆器贩运到欧洲,引起欧洲社会上的欢迎。17—18 世纪以来,欧洲各国仿制我国漆器成功,当时法国的罗贝尔·马丁一家的漆器闻名于欧洲大陆。以后德国、意大利等国的漆业相继兴起。最初的制品风格仍旧脱胎于我国,就是欧洲人所谓的"罗柯柯"艺术风格。因此,世界各国的漆器制作技术完全是从中国传播去的。

漆树原产中国,公元 710—780 年传入日本,后又传入东南亚一些国家。现在我国系世界上生漆主产地,日本、朝鲜、越南、缅甸、泰国等国家也有少量生产。

漆树在我国的分布,大体是北纬 21°~42°,东经 90°~127°之间。分布于辽宁、河北、山西、山东、河南、陕西、甘肃、湖北、湖南、安徽、江西、江苏、浙江、广东、广西、福建、四川、贵州、云南、西藏和台湾等省。目前,我国生漆的主产省是陕西、湖北、四川、贵州、云南和甘肃等省。

中华人民共和国成立前,我国农业生产落后,工业无力发展,生漆主要作为原料出口和一般民用,加工利用十分落后。新中国成立以后,随着工农业生产的恢复和发展,生漆在纺织工业和漆器美术工艺方面用量大增。特别是 20 世纪 60 年代以来,天津和上海等地研制成功了漆酚甲醛清漆、漆酚环氧 6001 漆、耐氨大漆、有机硅漆酚、糠醛漆酚等多种生漆改性涂料产品,不仅解决了生漆老法施工在工业上难以应用等缺点,降低了生漆的毒性,同时大大节约了生漆的用量,对国漆的利用和发展做出了新贡献,使中国漆更加焕发出灿烂的光辉,在国防和工农业各部门,发挥了愈来愈大的作用。

一、国防军工方面

海军舰艇的水下部位，由于长期浸泡在海水中，受海水的腐蚀和海洋生物的附着。不仅影响使用年限，且造成增加燃料消耗，降低航速，影响战斗力。目前，我国使用的船底涂料均不够理想，国家海洋局和有关单位试用含有生漆成分的涂料，证明效果良好。

由于生漆漆膜具有优良的电绝缘性和防辐射等性能，是涂包海底电缆和某些辐射试验研究设备的良好涂料。还具有优良的抗油性和抗有机溶剂腐蚀性能，又是航空燃料贮油库内壁的优良涂料。

二、化学工业

我国化学工业正在迅速发展，化工设备防腐蚀问题也是当务之急。例如化肥生产的主要设备，即所谓的三塔一柜（脱硫塔、再生塔、水洗塔、煤气柜）生产过程中遭受各类介质的连续腐蚀，又有一定的温度和压力，对涂料要求较高，使用一般的合成涂料，半年左右就得停产维修，或遭严重腐蚀需更新。同时，由于氧化铁的产生，大量铁锈进入产品，尿素变为红色，产品质量严重降低，改用生漆改性涂料后，防腐蚀效果很好，例如，上海吴泾化工厂、吉林化肥厂和首都钢铁公司化肥厂等的合成氨及尿素生产设备，用国产 TO9—11 漆酚清漆涂装，已连续生产数年至十年以上，设备仍然完好。不仅为国家节约了大量钢材，提高了设备利用率，且保证了产品质量。

上海染料化工厂，生产合成涂料需在强酸和高温下进行，主要设备为不锈钢的反应锅，不仅投资大，使用寿命也有限。为了节省不锈钢，他们试用大型木桶用生漆涂装代用，经几年试验结果很好，现已普遍采用，为国家节省了大量的不锈钢。

此外，其他许多化工设备，如氯碱生产设备，电化厂的饱和食盐水槽，发电厂的脱氧器等，改用生漆改性漆料后，都不同程度地解决了防腐蚀的“老大难”问题。

三、石油工业

从油井中开采出来的原油，一般都含有一定量的硫和硫化物，不论是加工炼制设备、贮油罐、输油管道等各类设备，遭受腐蚀性均很强。如某油田 7.5 mm 厚的钢管，使用不到两年就穿孔或大面积出现蜂窝状，经生漆改性涂料保护后，显著提高了设备利用率。

喷油管道结蜡，是石油开采中的难题之一，采油工人每天要停产清蜡，不仅增加了劳动强度，同时直接影响到劳动生产率的提高和油田的自动化建设。经研究，给生漆的漆酚中添加有机硅制成的“漆酚硅”涂料，施用于自喷油井管壁上，效果很好。例如我国某油田 483 号油井，试用漆酚硅防蜡涂料后，73 天生产正常，90 天内未清蜡，3 个月后起出油管，管壁仅有微蜡。而相邻的对照井，每天仍要停产清蜡。

四、采矿工业和地下工程

地下采矿和地下工程，由于潮湿和矿层内释放的有害气体的腐蚀作用，使地下机械设备和钢铁结构迅速腐蚀。特别是铜矿开采，矿井中井下水含有硫酸和铜离子，排水管道使用不到一月就被腐蚀穿孔，矿井内的大小火车轨道和排风进风管道等设备也遭严重腐蚀，使用寿命不长。经用生漆改性涂料保护后，设备使用寿命延长 10 倍以上。生漆改性涂料也是湿法冶金中各类机械设备理想的防腐蚀涂料。

五、纺织印染工业

生漆是纺织印染工业必不可少的重要原料。棉纱在生产过程中需要热蒸气及碱液等进行处理。纱管在纺织机上转速达 16 000~20 000 r/min，稍有变形，就会断纱。因此，对纱管上的涂料要求较高，必须保证木质纱管耐磨、耐热、耐腐蚀、防潮不变形且能抗一定拉力。事实证明，木质纱管内外涂以生漆配制的各色漆，是比较理想的涂料，在纺织工业中我国已有传统使用习惯。

我国纺织机械还大量供应亚洲及非洲等国家，随着我国纺织工业的不断发展和外贸的扩大，纱管的生产量大增，对生漆的需要量也不断上升，现已出现供不应求的局面。纺织机械部门试用合成涂料和塑料纱管代替均不理想，况且合成涂料还需从加拿大和匈牙利等国进口；而塑料纱管每分钟超过一万六千转，由于高速旋转产生的离心作用而弯曲变形，不能进行正常生产。生漆的密封性、耐热性好，膨胀系数又与木质相近，涂在纱管上，不致因高速旋转所产生的高温和蒸气处理等因素而发生龟裂或变形。木质纱管一般可使用 4~5 年，如生漆质量好、涂包优良者，可使用 7~8 年。

在化纤生产中，生漆也有着重要的作用。纺织机上的皮辊过去是用耐磨性较好的国产丁腈橡制成，使用一段时间也发生龟裂、变形和发黏，造成断纱绕皮辊现象，不仅影响了纺化纤的产量和质量，也增加了工人的劳动强度。1968 年以来，试用生漆及其改性涂料涂在橡胶皮辊的表面上，增强了皮辊的坚固性、耐磨性和表面滑爽性，基本上解决了纺化纤绕皮辊的问题。不仅提高了产品质量，而且大大减轻了挡车工人的劳动强度和扩大了看锭，从原来 1 200 锭扩大到 1 600 锭，大面积生产稳定，劳动生产率显著提高。

我国的印花丝绸和棉织品驰名中外，远销世界各大洲。但是，这些五光十色的产品也离不开生漆。印花机上的主要部件为印花板，印花板是用尼龙布上涂以生漆，雕绘成各类美术花纹制成。染料滚筒在印花板上往返运动，套色在丝绸上印成。印花板必须用生漆涂制，因它耐磨、耐化学腐蚀、耐水，所以，它也是印染工业的重要原料。

六、其他方面

(1)世界著名的工艺品——中国漆器

漆器工艺品是我国传统出口产品，有雕漆、脱胎、百宝镶嵌、彩绘等九大类，数百个品种畅销世界各地，这些具有我国独特民族风格的漆器，受到世界各国的赞誉。

大量出口漆器工艺品，可为国家换回大量外汇。目前，我国漆器工艺品的出口量，远远不能满足外商的需要。

(2)用生漆研制成的“漆酚黑”涂料,涂装高级小轿车和缝纫机,光亮耐磨;其机械强度和耐候性,可与日本和美国同类用途的涂料比美。

(3)生漆改性涂料也是医药工业,木材干馏工业,农用喷雾器内壁等的重要防腐蚀涂料;干漆又是一种重要中药,经炮制后,可配成若干种中成药,用于治疗疾病和外伤止血等用。

(4)在文物维护方面,我国古代建筑文物,如故宫、颐和园、苏州园林、玉佛寺等,是几千年来我国古代劳动人民辛勤劳动和智慧的结晶,它们都需用生漆维修装饰。

从上列生漆在各方面的作用可见,随着生漆改性涂料的发展,它在工业上的用途越来越广阔,据报道,世界上每年有百分之十的钢铁由于化学腐蚀而报废,我国钢铁生产水平不高,还要进口相当数量,防腐蚀也是一个重要问题。因此,从某种意义上讲,多生产生漆等于为国家多增产钢铁。为了更快地把生漆生产和收购工作搞上去,大力宣传生漆在国民经济中的重要作用,有其重要的政治意义和经济意义。

生漆在我国除各工业部门和少量民用外,还作为原料出口,主销日本,其次中国香港,英国。每年出口约 400 t。1979 年 4 月外贸部生漆考察组在日本谈判成交的中国生漆出口品种及价格情况见附表:

我国向日本出口的生漆占我国生漆出口量的 90%以上。目前,日本从事生漆加工、漆器供应和民用产品制造的工人和家属近五十万人,主要依赖我国进口生漆原料劳务。

日本对中国漆的研究颇深,如对生漆的化学组成、精制和改性利用等研究方面,较之我国已后来居上。由于漆器在日本人民生活中影响较深,每家每户都有一些漆器,漆器是新婚家庭首先要准备的,也是祝寿、送亲友的贵重礼品。日本政府为防止这个行业失传,将漆品业作为传统手工艺给予法律保护,把轮岛、会津等地指定为传统漆器产地,将有高超技艺的工人定为“人间国宝”,将优秀产品定为国家“文化财富”。每年召开一次漆器展览会,对评出的优秀作品颁发奖状,还拨款兴办漆器研究所、漆工学校,对漆器业的发展十分重视。

表 3-38　中国生漆出口品种、价格和规格

生漆品种	出口价(元/吨)	折合美元($)	出口分厘(%)
毛坝大木(甲级)	34 900	22 088	72~74
城口大木(甲级)	32 400	20 566	66~68
毕节大木(甲级)	32 200	20 379	66~68
建始大木(甲级)	31 540	19 962	66~68
涪陵大木(甲级)	30 840	19 518	66~68
竹溪大木(甲级)	30 356	19 208	65~67
安康大木(甲级)	30 310	19 183	65~67
安康小木(甲级)	30 310	19 183	65~75
金沙大木(甲级)	31 540	19 962	66~68
巫溪大木(甲级)	30 310	19 183	65~67
汉中小木(甲级)	30 300	18 987	65~67
汉中大木(甲级)	30 840	19 518	73~75

我国生漆科研工作以往已有一定基础，如中国科学院有关单位对生漆的化学成分和成膜机理方面有较深入的研究。化工部有关单位对生漆的精制和改性利用方面已获相当成果。陕西省林研所等单位在漆树育苗、良种选育和割漆技术调查等方面做了大量工作。我国林业部门对漆树资源也进行了清查，并在汉中地区进行了漆树飞机播种造林试验，取得了良好结果。1973 年以来，我国林业教学、科研单位与商业部门协作，对生漆利用现况进行了较广泛的调查，大力宣传生漆在国民经济中的重要作用，对促进我国生漆生产和科研工作起到了积极作用。在漆树品种调查、漆树育苗、漆树嫁接、漆树病虫害的调查和防治、利用乙烯利刺激生漆增产试验等方面，都取得了良好结果，其中一些项目已在全国逐步推广。

近年来，湖北省在生漆的化学成分和检验方法的研究方面做了大量工作。陕西省和上海有关单位协作，对漆毒防治工作进行了较深入的调查研究，在治疗方面已有进展，但在预防方面还待努力。陕西省有关高等院校，在割漆理论基础及漆树皮的显微结构方面，先后也做了大量研究工作，并对中国漆的历史资料进行了较深入的考证。总之，我国生漆

生产和科研已呈现一片欣欣向荣的景象。

李先念(原)副主席曾对《供销合作简报》特刊第七期《生漆必须加速发展》做了重要批示:"生漆只要抓,一定能上去。不止抓一次,而是要抓无数次,不只是抓一年,而是要抓十年百年千年万年。"后来他还有类似的批示,这对全面正确地贯彻执行"以粮为纲,全面发展"的方针,因地制宜地发展多种经营,积极开发和利用山区的丰富资源,加速山区经济建设,适应国民经济高速发展的需要,具有非常重要的意义。这对于从事生漆生产和科研工作的同志也是极大的支持和鼓舞。

最后,对我国生漆生产和科研工作谈几点不成熟的意见:

(一)加强实现生漆生产基地化、现代化

我国生漆生产现状,至今没有摆脱主要依靠分散的野生资源、靠天吃饭的被动局面。"百里千刀一斤漆",形象地说明了这种小生产的、落后的经营和采割方式。随着"四化"建设的进度加快,我们要解决好越来越显得不适应生漆产需之间的矛盾。当然,这一矛盾相当一段时间内仍难解决。因此,必须采取有效措施,把生漆生产的重点有计划地转移到建立大面积高产稳产的基地上来。生产基地化,资源相对集中,便于经营管理专业化,便于科学技术指导化,也利于实现生产现代化。要根据因地制宜、适当集中的原则,经过调查研究,建立一批生漆和漆蜡油生产基地。在大力兴办社队漆场的同时,注意发挥国有林场的主力军作用。

(二)改革体制,解决矛盾

去年国家计委、林业部、工商行政管理总局,发出了《关于国有林场开展非规格材加工和林副特产资源综合利用的通知》,这是解决森林资源合理利用的有效途径。过去,有些同志片面地认为国有林场的主要任务是造林育林,搞多种经营和林副特产的综合利用是不务正业,所以不敢抓;此外计划、商业、物资、轻工和林业部门没有很好配合,管理体制上存在问题,关卡多、层次多,产、供、销渠道不通,国有林场没有自主权,因而导致不能合理经营和森林资源利用率低等现象。一些地区还因单纯追求生漆等林特产品的高收购量，大量雇用外省和外地区漆农，不注意管理，大割狠心漆，杀鸡取卵，造成天然漆林大片死亡现象，结果是商业部门赚了钱，林业部门亏了本，引起林商间的矛盾。林业部设立中国林产品经销公司，实行林工商一条龙综合经营，是体制改革上的良好开端，必定会为森林资源的合理利用开创美好的前景。为了充分发挥各有关部门的积极性，为国家多做贡献，进一步改革不合理的体制，调整各方面的关系是值得重视的。

（三）加强科学研究，注意开展漆树的综合利用

漆树既是涂料树，又是用材树和油料树。漆树木材通直美观耐腐；漆树果实可榨取漆蜡油，它是油脂化工厂生产肥皂的主要原料。因此，应根据不同品种、类型的特点合理利用，凡以产漆为主的某些小木漆品种，以采漆为主；能产籽的漆树，注意采漆和收籽两者合理兼顾。

漆树科研，宜以漆林速生丰产为主攻方向，大力开展良种选育、育苗造林技术、采割技术和漆毒防治等方面的科研工作。在目前大规模营造人工漆林时，注意研究是营造单纯林好，还是营造混交林好，漆树苗木出圃的规格等级应有统一的标准，逐步实现良种壮苗，以利早日投产。有条件的国有林场在漆树科研中应起示范作用，注意天然漆林的抚育改造，逐步建立起经营和采割的专业队伍，不雇用外地漆农，把生产和科研很好地结合起来，做到漆山常青，永续利用。

（四）注意生产和收购的管理工作

割漆和漆树的经营是一种生产条件艰巨、劳动强度大、技术性较强的繁重劳动。目前，除商业部门已试行的生产收购管理办法外，建议林业部门对有关国有林场也应有一套合理的管理制度，加强专业队伍的思想和组织建设工作，定出规划。应严厉打击那些在生漆生产中搞黑包工剥削、偷漆倒卖、掺假作伪、黑市高价等投机倒把和不法行为，以加强我国“四化”建设，为国家提供更多的财富。

加速实现我省生漆生产基地化和现代化

生漆是从漆树皮部取的漆汁，是我们特产的一种天然树脂涂料。生漆在空气中很容易干燥，结成黑色光亮坚硬的漆膜，其附着力、遮盖力、耐久性都很强，而且又耐高温、耐水、耐油、耐化学腐蚀和土壤腐蚀，其绝缘和耐磨性能都很好，曾以“涂料之王”著称于世。

我国劳动人民对生漆的生产、加工和利用，已有四千多年的悠久历史，世界闻名艺术精美的中国漆，是我国传统的出口商品。特别是近年来考古工作者在湖北、湖南等省发掘出土的两三千年前的古代各类漆器，工艺之精湛，为世界各国所赞扬。

我国漆和油漆技术很早就传到国外。日本、朝鲜、蒙古、缅甸、印度、孟加拉国、柬埔寨、泰国等国家，以及中亚、西亚各国，都在汉、唐、宋时期从我国传入了漆和油漆技术，并且分别组织了漆生产，构成亚洲各国一门独特的手工艺行业。汉代四川广汉郡官漆作坊生产的纪年铭漆，在朝鲜北部有大量出土，蒙古的诺因乌拉古墓群出土的不少汉代纪年铭金铜扣漆，也是蜀郡漆工所造。日本正仓院至今还收藏着唐代泥金绘漆、金银平脱等漆器。

我国漆器经波斯人、阿拉伯人和中亚人再向西传到欧洲一些国家。在新航路发现以后，中国和欧洲间接交往，又通过葡萄牙人、荷兰人等不断地把我国漆器贩运到欧洲，引起欧洲社会上的欢迎。十七、十八世纪以来，欧洲各国仿制我国漆器成功，当时法国的罗贝尔·马丁一家的漆器闻名于欧洲大陆。以后德国、意大利等国的漆业相继兴起。最初的制品风格仍旧脱胎于我国，就是欧洲人所谓的“洛可可”艺术风格。因此，世界各国的漆器制作技术完全是从中国传播去的。

漆树原产中国，公元710—780年传入日本，后又传入东南亚一些国家。现在我国系世界上生漆主产地，日本、朝鲜、越南、缅甸、泰国等国家也有少量生产。

漆树在我国的分布，大体是北纬 21°～ 42°，东经 90°～127°之间。分布于辽宁、河北、山西、山东、河南、陕西、甘肃、湖北、湖南、安徽、江西、江苏、浙江、广东、广西、福建、四川、贵州、云南、西藏和台湾等省。目前，我国生漆的主产省是陕西、湖北、四川、贵州、云西和甘肃等省。现将 1976 年我国重点生漆产区生产收购情况列表示明如下：

表 3-39　1976 年重点生漆产区生产收购统计表

省名	上劳人数	产量（市担）	收购量（市担）
陕西	9965	11900	11561
湖北	12498	7500	6961
四川	9324	6300	6243
贵州	5640	4500	4202
云南	4500	2500	1877
甘肃	950	1100	1011
河南	1980	800	532
湖北	658	500	268

我省生漆生产居全国首位，如 1978 年全国生漆收量 2 100 t，其中，我省收购 756. 8 t，占全国总收购量 36%，出口 120. 5 t，居全国第二位，占全国总出口量 26. 7%。安康、汉中、宝鸡和商洛地区是我省生漆的主产区。尤以安康地区产量最大，约占全省总产量的一半以上。安康地区又以岚皋、平利两县产量最大，其次是宁陕县、镇坪县、紫阳县和安康县。岚皋县不仅是我省产漆量最大的一个县，而且也是全国产漆量最大的一个县。因此，我省安康地区的生漆产量在全省占有举足轻重的地位，在全国也占有十分重要的位置。

中华人民共和国成立前，生漆主要作为原料出口和一般民用，生漆的加工利用十分落后。新中国成立以后，随着工农业生产的恢复和发展生漆在纺织工业和漆器美术工艺方面用量大增。特别是六十年代以来，天津和上海等地研制成功了漆酚甲醛清漆、漆酚环氧 6001 漆、耐氨大漆、有机硅漆酚、糖醛漆酚等多种生漆改性涂料产品，不仅解决了生漆老法施工在工业上难以应用等缺点，降低了生漆的毒性，同时大大节约了生漆的用量，对国漆的利用和发展作出了新贡献，使中国漆更加焕发出灿烂的光辉，在国防和工农业各部门，发挥了愈来愈大的作用。在国防军工方面，生漆可作为军舰船底漆的优良涂料，也是飞机燃料贮油和海底电缆的防腐蚀涂料。由于生漆具有优良的电绝缘性和防辐射性能，也用于原子能工业上。在化学工业方面，对于化工设备防化学腐蚀问题，生漆及其改性涂料的作用是卓著的。如化肥生产的主要设备——三塔一柜（脱硫塔、再生塔、水洗塔和煤气柜），经上海吴泾化工厂、吉林化肥厂和首都钢铁公司化肥厂等单位试用，防化学腐蚀效果显著，有的设备已连续生产十年以上，大大提高了原设备的利用率。上海染料化工厂，在强酸和高温条件下生产合成染料试用木制反应锅已成功，为国家节约了大量的进口不锈钢。此外，其他许多化工设备，如氯碱生产设电化厂的饱和食盐水槽，发电厂的脱氧器等，改用生漆改性涂料后，都不同程度地解决了防腐蚀"老大难"问题。在石油工业方面，生漆改性涂料用于炼油设备、贮油罐和输油管道的防腐蚀涂料，特别是将其施用于喷油管内壁，还可解决喷油管内结蜡问题，对提高油井的劳动生产率有显著作用。在采矿工业和地下工程方面，地下机械设备和钢铁结构，使用生漆改性涂料后，设备试用寿命延长十倍以上。生漆改性涂料也是湿法冶金中各种机械设备理想的防腐蚀涂料。在纺织印染工业方面，生漆是必不可少的重要原料，如纱管、皮辊和印花板等都必须用生漆。其他方面，如古代建筑文物的维修，世界著名的工艺品——"中国漆器"的生产，均需大量生漆。从上列生漆在各方面的作用可见，随着生漆改性涂料的发展，它在工业上的用途越来越广阔。据报道，世界上每年约有百分之十的钢铁由于化学腐蚀而报废。目前，我国钢铁生产水平还不高，还要进口相当数量，防腐蚀确是一个严重问题。因此，从某种意义上讲，多生产生漆等于为国家多增产钢铁。

生漆除在我国各工业部门和少量民用外，还作为原料出口，主销日本，其次中国香港，英国。每年出口 350~400 t，最高达 626 t，约占我国生漆总收购量的四分之一。今年四月外贸部生漆考察组在日本谈判成交的中国生漆出口品种及价格情况见下表：

表 3-40　中国生漆出口品种、价格和规格

生漆品种	出口价(吨)	折合美元	出口分厘(%)
毛坝大木(甲级)	34 900	22 088	72~74
城口大木(甲级)	32 400	20 566	66~68
毕节大木(甲级)	32 200	20 379	66~68
建始大木(甲级)	31 540	19 962	66~68
涪陵大木(甲级)	30 840	19 518	66~68
竹溪大木(甲级)	30 356	19 208	65~67
安康大木(甲级)	30 310	19 183	65~67
安康小木(甲级)	30 310	19 183	63~75
金沙大木(甲级)	31 540	19 962	66~68
巫溪大木(甲级)	30 310	19 183	65~67
汉中大木(甲级)	30 300	18 987	65~67
汉中大木(甲级)	30 840	19 518	73~75

日本本国也生产少量生漆，限于国土面积，年生产量仅约 5 t 左右。为照顾日本近五十万工人和家属的生活问题，经周总理生前答应，每年限量给日本 400 t 左右生漆。为扩大原料来源，日本还在我国台湾地区和巴西大量投资建立生漆生产基地。

其生漆改性涂料在工业上的具体应用对我国保密甚严，我们目前所知无几。对我外贸人员广泛宣传的仅是：民用习惯、佛坛、家具、建筑等方面。

我国生漆科研工作在 1966 前已有一定基础，如中国科学院有关单位对生漆的化学成分和成膜机理方面有较深入的研究。化工部有关单位对生漆的精制和改性利用方面已获相当成果。我省林研所等单位在漆树育苗、良种选育和割漆技术调查等方面做了大量工作。1966 年以来，我省林业部门对漆树资源进行了清查，并在汉中地区进行了漆树飞机播种和造林试验，取得了良好结果。1973 年以来，我省林业教学、科研单位与商业部门协作，对我国生漆利用现况进行了较广泛的调查，大力宣传生漆在国民经济中的重要作用，对促进我国生漆生产和科研工作起到了积极作用。在漆树品种调查、漆树育苗、漆树嫁接、漆树病虫害的调查和防治、利用乙烯利刺激生漆增产试验等方面，取得了良好结果，其中一些项目已在外省逐步推广。

近年来，湖北省在生漆的化学成分和检验方法的研究方面做了大量工作。我省和上海有关单位协作，对漆毒防治工作进行了较深入的调查研究，在治疗方面已有进展，但在预防方面还待努力。我省有关高等院校，在割漆理论基础、漆树皮的显微结构等方面，先后做了大量研究工作，并对中国漆的历史资料进行了较深入的考证。总之，我国生漆生产和科研已呈现一片欣欣向荣的景象。

去年，李先念副主席对《供销合作简报》特刊第七期《生漆必须加速发展》做了重要批示："生漆只要抓，一定能上去。不止抓一次，而是要抓无数次，不只是抓一年，而是要抓十年百年千年万年"。后来继续还有类似的批示，这对全面正确地贯彻执行"以粮为纲，全面发展"的方针，因地制宜地发展多种经营，积极开发和利用山区的丰富资源，加速山区经济建设，适应国民经济高速度发展的需要，县有非常重要的意义，对于从事生漆生产和科研工作的同志也是极大的支持和鼓舞。

为此，对我省生漆生产和科研工作谈几点不成熟的意见：

(一)加速实现生漆生产基地化、现代化

我国生漆生产现状，至今没有摆脱主要依靠分散的野生资源，靠天吃饭的被动局面。"百里千刀一千漆"，形象地说明了这种小生产的、落后的经营和采割方式。随着"四化"的进度加快，将越来越显得不适应，生漆产需之间的矛盾相当一段时间内仍难解决。因此，必须采取有效措施，把我省生漆生产的重点有计划地转移到建立大面积高产稳产的基地上来。生产基地化，资源相对集中，便于经营管理专业化，便于科学技术指导，才利于实现生产现代化。要根据因地制宜，适当集中的原则，经过调查研究，建立一批生漆和漆蜡油生产基地，在大力兴办社队漆场的同时，注意发挥国有林场的主力军作用。

（二）改革体制，解决矛盾

最近国家计委、林业部、工商行政管理总局，发出了《关于国有林场开展非规格材加工和林副特产资源综合利用的通知》，这是解决森林资源合理利用的有效途径。过去，由于极“左”路线流毒的影响，有的同志认为国有林场主要任务是造林育林，搞多种经营和林副特产的综合利用是不务正业，所以不敢抓；此外，计划、商业、物资、轻工和林业部门没有很好配合，管理体制上存在问题，关卡多、层次多，产、供、销渠道不通，国有林场没有自主权，因而导致不能合理经营和森林资源利用率很低等现象。一些地区还因单纯追求生漆等林特产品的高收购量，大量雇用外省和外地区漆农，不注意管理，大割“狠心漆”，杀鸡取卵，造成天然林大片死亡现象，结果是商业部门赚了钱，林业部门亏了本，引起林商间的矛盾；同时因个体生产不便管理，作伪掺假违法乱纪等现象比较严重，生漆质量不能保证，导致我省生漆出售价格明显下滑，省外贸部门想改变这一现状，试图扶植发展外贸生漆商品基地，也因某些方面的限制未能实现，内外贸之间也有不协调问题。林业部最近设立中国林产品经销公司，实行林、工、商一条龙综合经营，是体制改革上的良好开端，必定会为森林资源的合理利用开创美好的前景。为了分发挥各有关部门的积极性，为国家多做贡献，进一步改革不合理的体制，调整各方面的关系是值得重视的。

（三）加强科学研究，注意开展漆树的综合利用

漆树既是涂料树，又是用材树和油料树。漆树木材通直，美观耐腐；漆果实可榨取蜡油，它是我省油脂化工厂生产肥皂的主要原料。因此，应根据不同品种、类型的特点合理利用。凡以产漆为主的某些小木漆品种，以采漆为主；能产子的漆树，注意采漆和收子两者合理兼顾。

漆树科研,宜以漆林速生丰产为主攻方向,大力开展良种选育、育苗造林技术、采割技术和漆毒防治等方面的科研工作。在目前大规模营造人工漆林时,注意研究是营造单纯林好,还是营造混交林好?漆苗木出圃的规格等级应有统一的标准,逐步实现良种壮苗,以利早日投产。有条件的国有林场在漆树科研中应起示范作用,注意天然漆林的抚育改造,逐步建立起经营和采割的专业队伍,不雇用外地漆农,把生产和科研很好地结合起来,做到漆山常青,永续利用。

建议省科委和林业局把漆树科研统一管理起来,培训科技骨干,不断扩大生漆科研队伍,向生漆生产科学化、现代化进军,为祖国的"国宝"争取更大的荣誉。在科研工作中注意充分发挥高中等院校和专业研究单位的骨干作用,在研究经费和条件上给予大力支持。建议省科委和林业局投资,在我省西北林学院火地塘教学试验林场建立一个三千亩规模的"国家漆树品种园",作为树的科研基地。鉴于从事漆树科研工作人员的艰苦条件和中漆毒的特殊情况,在劳保待遇上应给予照顾。

(四)注意生产和收购的管理工作

割漆和漆树的经营是一种生产条件艰巨、劳动强度大、技术性较强的繁重劳动。目前,除商业部门已试行的生产收购管理办法外,建议林业部门对有关国有林场也应有一合理的管理制度,加强专业队伍的思想和组织建设工作,定出规划。应严厉打击那些在生漆生产中搞黑包工剥削、偷漆倒卖、掺假作伪、黑市高价等投机倒把和不法行为,坚决保护生漆生产的正常秩序,争取为国家提供更多的财富。

附　录

漆树研究著作、论文年表

1.《生漆的化学成分及其与生漆质量的关系》.《陕西生漆》. 1976 年第 1 期,第 89-92 页.

2.《乙烯利刺激割漆试验》.《陕西生漆》. 1976 年第 1 期,第 62-79 页.

3.《乙烯利刺激割漆增产初步试验》.《陕西林业科技》. 1976 年第 2 期, 第 34-37 页.

4.《上海市生漆利用典型调查》.《陕西林业科技》. 1976 年第 2 期, 第 38-41 页.

5.《乙烯利刺激割漆增产操作规程》. 陕西省土产公司印. 1976 年 3 月.

6.《利用乙烯利刺激割漆增产三年总结》.《陕西生漆》. 1977 年第 2 期, 第 37-47 页.

7.《利用乙烯利刺激割漆简明技术要点》.《陕西生漆》. 1977 年第 2 期, 第 48-51 页.

8.《中国生漆历史资料》.《陕西生漆》. 1977 年第 2 期,第 26-33 页.

9.《漆树》.《中国主要树种造林技术》. 北京:农业出版社,1978 年 1 月版,第 761-765 页.

10.《漆树芽接试验初报》.《林业科技通讯》. 北京:1978 年第 1 期,

第 5-6 页.
11.《乙烯利刺激生漆增产的研究》.《中国林业科学》. 北京:1978 年第 4 期,第 46-52 页.
12.《中国漆》.《陕西日报》. 1978 年 11 月 27 日.
13.《加速实现我省生漆生产基地化和现代化》.(专辑)陕西科学技术情报研究所. 1979 年 10 月印,陕西省林业局,1979 年 12 月印.
14.《中国漆的历史概况》//《漆树与生漆》. 北京:农业出版社,1980 年 4 月版,第 1-7 页.
15.《生漆在国民经济中的作用—我国生漆利用现况调查报告》.《陕西林业科技》. 1980 年第 2 期,第 24-31 页.
16.《涂料之王—漆》.《植物杂志》. 1980 年第 6 期,第 25-26 页.
17.《生漆质量检验》. 全国供销合作总社科技局土产果品局. 1980 年 9 月印发.
18.《中国漆史话》. 陕西科学技术出版社. 1981 年 9 月版.
19.《重要林副产品及其利用》(大学本科教材). 西北林学院出版. 1983 年 10 月版.
20.《生漆检验》(单行本). 西北林学院出版,1985 年 12 月.
21.《漆树种子育苗技术》,陕西科技报,1985 年 12 月 29 日.
22.《生漆、生漆检验》《经济林产品利用及分析》. 中国林业出版社. 1986 年 5 月版,第 125-136 页,第 254-257 页.
23.《漆树丰产栽培技术发展现状与趋势》.《陕西林业科技》. 1987 年第 1 期,第 76-81 页.
24.《漆树林》.《陕西森林》. 中国林业出版社, 1989 年第 402-409 页.
25.《漆树》.《中国农业百科全书》上卷. 北京:农业出版社,1989 年 4 月版.
26.《我国经济林产品的发展现状及开发利用对策》.《林业科学研究》. 1997 年第 2 期,第 199-205 页.
27.《中国生漆漆液研究》.《林产化学与工业》. 1997 年第 2 期,第 41-46 页.

中国漆树研究获奖年表

1.《漆树品种调查、育苗和增加流漆量的研究》项目,1978 年 3 月,获全国科学大会奖。同年并获陕西省科学大会奖。第一主持人。

2.《漆树综合研究》,1980 年获陕西省人民政府科技成果一等奖。第一主持人。

3.《中国主要树种造林技术》一书,1981 年获林业部科技成果一等奖(本人撰写“漆树”和“元宝枫”)。

4.《乙烯利刺激生漆增产的研究》,1982 年 12 月,被陕西省科学技术协 会评为一等优秀学术论文。

5.《中国漆历史概况》1980 年 12 月,被陕西省科学技术协会评为二等 优秀学术论文。

6.《中国漆史话》(专著),1985 年,评为全国林业科普创作二等奖。

7. 1987 年 6 月,林业部批准为有突出贡献的中青年专家。

8.《经济林产品利用及分析》(全国高等林业院校教材),1992 年获林业 部优秀教材二等奖(名列第三)。

9.《岚皋综合科学实验基地》(扶贫开发项目),1992 年获陕西省科技进 步二等奖,第一主持人。

10. 1992 年 10 月国家人事部批准享受国务院颁发的政府特殊津贴。

11.《岚皋林业综合技术开发》项目,1993 年 9 月获国家星火三等奖。第 一主持人。

12.《中国农业百科全书 · 林业卷》,1994 年获第六届全国优秀科技图书一 等奖(参加“漆树”撰写)。

13. 1998 年 10 月,被国家林业和草原局(原国家林业局),评为 1997 年农业科技推广先进个人。

14. 1998 年 12 月,被评为台湾中兴大学刘业经教授奖励基金第三届获奖人(在北京林业大学授奖)。

后 记

在此书出版之际，我深深感谢商业部、全国供销合作总社和陕西省土产公司领导们对我的信任和支持，为我办理了国防军工、石油、化工、文物考古等部门的调研通行证，提供了便利条件，顺利完成了“生漆在国民经济中的重要作用”的调研报告，广开了眼界，受益斐然。我深深感谢中科院西安植物园、陕西省生物资源考察队和岚皋县生漆研究所的同志们在生漆科研工作中的紧密合作。

我还要感谢我的学生平利县林化厂总工程师张焕文，西安生漆涂料研究所所长魏朔南，我的硕士研究生黄晓华、樊金栓、李艳菊，西北林学院李瑛、樊世明、杨桐春老师等。是他们自始至终在漆树科研工作中的辛勤奉献，推动着生漆和漆树研究不断地充实和创新。2014 年从英国返聘回校的黄晓华教授，在西北农林科技大学校领导的支持下，于 2018 年 10 月，在学校顺利召开了“首届生漆科学与漆艺传承国际研讨会”。2020 年 1 月 16 日，由我校黄晓华教授牵头组织的“漆树产业国家创新联盟”获国家林草局批准正式成立。

我深深感谢我的爱人王姝清教授和杨凌示范区工委党校谢胜菊对本书书稿从编排、打印、配图和审校所付出的辛苦劳动。

进入新时代，我祝愿从事漆树产业的科学家和企业家们，为了国富民强，为了中华腾飞，在漆树研究的创新道路上不断探索、勇往直前，贡献智慧和力量。

王性炎

2020 年 9 月

漆艺产品展示

漆艺

漆艺

漆艺－战国

彩漆双鳳虎座鼓，战国时代（公元前475年——公元前221年）（1965年，湖北省江陵县望山出土

漆圆盒

北京雕漆

北京雕漆

脱胎漆器

脱胎漆器